30초마다 쌓이는 와인 핵심 지식 50가지

30초 와인

30초마다 쌓이는 와인 핵심 지식 50가지

30초 와인

아넷 알바레즈-피터스 서문
제라드 바셋 OBE 엮음
공민희 옮김

빛은
책들

30초 와인

제라드 바셋 OBE 엮음 | 공민희 옮김
초판 1쇄 발행일 2024년 1월 12일
펴낸이 이숙진
펴낸곳 (주)크레용하우스
출판등록 제1998-000024호
주소 서울 광진구 천호대로 709-9
전화 (02)3436-1711
팩스 (02)3436-1410
인스타그램 @bizn_books
이메일 crayon@crayonhouse.co.kr

* 빛은책들은 재미와 가치가 공존하는 ㈜크레용하우스의 도서 브랜드입니다.
* KC마크는 이 제품이 공통안전기준에 적합하였음을 의미합니다.

ISBN 979-11-7121-041-1 04590

차례

머리말

아넷 알바레즈-피터스

20년 전, 식음료 구매 책임자 직을 맡으며 내 와인 세계로의 여정이 시작되었다. 구매자로서 경험은 많지만 와인에 대한 지식이 부족해 무수한 난관에 부딪혔다. 최대한 많이 배워보기로 마음먹고서 마주한, 광활하고 심도 깊으며 다채로운 와인의 매력에 상당히 놀랐다. 사업 전반뿐 아니라 생산지 주변 토질, 포도 재배학, 포도주 양조, 포도 품종, 포도 재배 지역을 비롯해 다른 매혹적이며 중요한 원칙을 세세히 알아야 할 필요가 있었다.

구매자로 활동하던 초창기엔 사업 감각을 익히려고 가능한 많은 사람과 교류했다. 그렇게 얻은 어마어마한 정보를 스펀지처럼 무작정 빨아들였다. 내가 읽은 와인 서적과 관련 무역 서적은 셀 수 없을 정도다. 각종 와인 시음 행사와 와인 수확 축제에 참가했고 많은 와이너리도 방문했다. 무엇보다, 기본부터 가장 심오한 영역에 이르기까지 수만 가지 질문을 던져보았다.

이 여정에서 크고 작은 생산자와 만나는 특권을 누릴 수 있었다. 자신의 포도밭을 멋지게 다각화해 최상급 와인을 생산한다는 점이 그들 사이의 분명한 공통분모다. 다채로운 포도밭이 인상적이고 유익했지만, 무엇보다 땅을 보살피는 가족과 개인이 가장 특별했다. 로버트 몬다비부터 크리스티앙 무엑스, 마르케시 피에로 안티노리 등 유명 생산자의 포도밭과 와인 저장소를 돌아보고 시음해볼 수 있어서 즐거웠다. 그들이 와인에 대한 지식과 열정을 친절히 나누어준 덕분에 난 성장할 수 있었다.
큰 업적을 달성하고 해박한 지식으로 무장한 마스터 오브 와인과 마스터 소믈리에들이 내 배움의 여정에 결정적인 기여를 했다. 이들은 재배 지역, 토양, 농법, 포도 품종, 소매의 기본과 레스토랑의 성공에 이르기까지 와인 업계의 모든 부분을 수년에 걸쳐 공부한 사람들이다. 와인 시음과 평가를 하는 면에서 마스터의 능력은 가히 초월적이라 할 수 있다. 제라드 바셋은 마스터 오브 와인과 마스터 소믈리에를 모두 획득해 더블 마스터가 된, 전 세계 단 네 사람 중 한 명이다. 솔직히 그를 만난 날 난 스릴을 느꼈다. 굉장한 업적을 이룬 거물이지만 성품이 유쾌해 귀중한 지식을 넘치도록 많이 알려주었다.
난 대규모 소매업자를 대신해 구매를 담당하는 사람으로서 늘 고객을 최우선에 둔다. 내 와인 여정에서 가장 중요한 부분은 고객의 행동 패턴을 관찰하고 익히는 것인데, 이를테면 와인을 구매하는 결정에 영향을 끼치는 요인이 무엇일까? 그들이 즐겨 마시는 와인은? 와인에 대해 어느 정도까지 알고 싶어 하는가? 등이다. 현재 고객들은 모든 가격대에서 품질 좋은 와인을 얻는 호사를 누리고 있다. 게다가 과학 기술의 발전으로 국경을 초월해 와인 정보를 얻을 수 있기에 와인 애호가가 각자의 기반을 넓힐 수 있는 절호의 기회가 찾아온 셈이다.
《30초 와인》은 와인에 대한 지식을 얻고 자신의 열정을 발견하도록 도와주는 완벽한 지침서다. 그럼 성공적인 여정을 위하여, 건배!

들어가는 말

제라드 바셋 OBE

와인은 유구하고 풍부하며 실로 매혹적인 역사를 품고 있다. 이 놀라운 음료는 고대 메소포타미아 문명, 어쩌면 더 이전 시대 사람들이 처음 포도를 발견하고 그 묘약을 마신 뒤부터 인간의 갈증을 해소하고 열정은 높여주며 혀를 편안하게 해주는 역할을 해왔다. 와인은 크든 작든 연회, 축제, 성공을 기념하는 음료로서 관능적이고 감각적이다. 그런데 포도밭 이랑의 토질이 잔에 담긴 내용물에 그렇게 큰 영향을 미칠까? 어떤 연금술이 포도라는 소박한 과일의 즙을 수십 년간 저장할 수 있는 음료로 만들었을까? 와인은 수많은 포도 품종에 대한 흥미를 이끌어냈고 어리둥절할 정도로 가지각색이며 신비로운 언어 체계를 구축했다.

《30초 와인》은 이 주제들을 활짝 펼쳐 포도 재배지 너머의 예술과 과학을 드러내 살피고 부르고뉴, 보르도, 바로사, 토스카나, 나파 및 주요 와인 산지에 관한, 꼭 필요한 정보를 제공해준다. 이제 고급 와인은 브라질부터 중국에 이르기까지 세계 각지에서 생산되고 있다. 가볍게 읽을 수 있는 이 책은 다른 흥미로운 부분도 다루는데 진하고 타닌이 강한, 상큼하고 가벼운, 상당히 드라이한, 음료수처럼 달콤한, 스파클링 혹은 스티키(sticky) 와인처럼 전혀 다른 스타일의 와인을 만드는 여러 가지 핵심 요소, 오랜 와인 역사 속에서 살펴볼 수 있는 고난과 극복의 비결, 와인 업계에 관해 알려지지 않은 뒷이야기들까지 모조리 담았다.

각 분야 전문가의 지식을 엮어 놓은 이 책은 50번의 맛보기, 혹은 300자 정도의 본문과 사진 한 장으로 와인의 예술과 기교를 파악할 수 있도록 구성했다. 일곱 부분으로 나뉜 개별 주제는 자연스럽게 기초 요소인 '포도밭'부터 시작한다. 두 번째 주제인 '와이너리'는 품종에 대한 설명과 와인을 만드는 과정을 압착부터 병 밀봉에 이르기까지 다룬다. 세 번째 장이자 가장 중요한 '전통 포도 품종과 와인'에서는 국제 품종으로도 부르는 전통 포도 품종과 이 포도로 생산하는 와인이 얼마나 근사한지 설명해두었다. 뒤이어 와인의 파란만장한 '역사'를 다룬다. 그런 다음에는 와인 '주요 산지'의 전경을 살피며 유럽을 비롯해 현재 국제 무대에서 두각을 나타내는 신흥 와인 강국과 이들 개발 도상국이 지닌 가능성을 살핀다. 마지막 두 장에서는 '와인 산업'과 '와인을 즐기는 법'을 알아보며 와인이 팔리고 소비되는 과정을 알 수 있다. 처

음부터 순서대로 읽거나 흥미가 가는 주제부터 골라 읽어도 전혀 어색하지 않다는 점이 이 책의 특징이며, 전문적이거나 낯선 용어는 용어사전에 깔끔하게 정리해두었다. 장의 마지막에는 인물 소개가 있다. 와인 업계는 엄청난 재능을 가진 전문가를 상당히 많이 배출했고 대부분 개성이 출중하다. 그중에서도 와인 업계의 발전에 큰 영향을 미치고 지금 우리가 즐기는 이 근사한 음료를 만드는 데 공헌한 인물 일곱 명을 골라 수록했다.
《30초 와인》은 다음에 친구와 만나 와인에 관해 이야기를 나눌 때 도움을 줄 수도 있고, 이 숭고한 음료에 대한 새로운 열정에 불을 지펴줄지도 모른다. 어느 쪽이든 즐겁게 쓴 만큼 독자 여러분도 그래 주길 바란다.

건배!
제라드 바셋 OBE

PREMIUM

포도밭

포도밭 용어

AOC Appellation d'Origine Controlee 아펠라시옹 도리진 콩트롤레

IPM Integrated Pest Management (병충해 집중관리) 환경친화적 방식으로 병충해와 잡초를 억제한다. 농약 사용을 금하나 유기농만큼 기준이 엄격하지 않고 포도 생산자에게 경제적, 환경적, 안정성의 측면에서 혜택을 가져다준다.

귀부병 noble rot 보트리티스 시네레아 참고

그린 하비스팅 green harvesting 익지 않은 포도송이를 덩굴에서 잘라내 남은 가지로 식물의 에너지를 집약하는 방식. 지지자들은 이 방식이 당도, 타닌, 맛을 높이는 장점이 있다고 주장한다. 반대파들은 보르도 최고의 포도주 상당수가 그린 하비스팅이 도입되기 이전에 나왔고 자연적으로 생산량이 많았다고 반박한다.

레이트 하비스팅 late harvesting 더 높은 당도를 얻고자 익은 지 한참 뒤에 포도를 수확하는 방식. 변화무쌍한 가을 날씨 때문에 농작물이 상할 위험이 있다. 레이트 하비스트 라벨이 붙은 와인은 일반적으로 스위트 와인이다. 프랑스에서는 방당주 타르디브(Vendange tardive), 독일에서는 슈패트레제(Spätlese)라고 지칭한다.

루트스톡 root stock 포도의 뿌리를 접붙여 과실을 맺게 하는 방식. 현재 대부분의 루트스톡은 원시 미국 포도 품종이나 혼종으로 필록세라(phylloxera)에 내성이 있다. 비티스 비니훼라(Vitis vinifera)가 특히 필록세라의 공격에 민감하다. 가장 내성이 좋은 미국 포도 품종은 비티스 리파리아(V. riparia), 비티스 루퍼스트리스(V. rupestris), 비티스 베를란디에리(V. berlandieri)다.

버라이어탈 varietal 단일 포도 품종으로(혹은 지역 와인 법령에 따라 거의 100퍼센트에 육박하게) 만든 와인.

보트리티스 시네레아 Botrytis cinerea 귀부(고귀한 부패)로도 불리는 자애로운 곰팡이. 잘 익은 포도의 수분기를 빼 쪼그라들게 만들어 당분과 다른 요소를 집약시킨다. 보트리티스가 생긴 포도는 소테른(Sauternes)이나 베른아우스레제(Beerenauslese)와 같은 스위트 와인을 만드는 데 사용한다.

비네롱 vigneron 포도를 키우고 밭의 모든 부분을 관리하는 사람. 포도주 양조 연구를 하거나 포도주를 만드는 장본인이다. 포도 품종이 와인 양조의 핵심인 관계로 양조연구가, 특히 컨설턴트는 포도밭 관리에 전문성이 있어야 한다.

비티스 비니훼라 Vitis vinifera 전 세계 와인 생산의 대부분을 담당하는 포도 품종. 비니훼라의 종류만도 수천 가지에 이르나 원산지는 모두 유럽과 중앙아시아다.

빈티지 vintage 단일 연도에 수확한 포도 혹은 그 포도로 만든 와인을 지칭한다.

아펠라시옹 appellation 지리적 생산지역을 명시한 와인의 품질 표기 체계. 원산지와 품질을 보증하는 용도며 허가받은 포도 품종, 와인 스타일, 최소 알코올 도수와 같은 요소를 토대로 한다. 근대 아펠라시옹 체계가 개발된 프랑스에서는 아펠라시옹 도리진 콩트롤레를 줄여 AOC로 표기한다. 그 중심에는 테루아에 대한 개념이 자리하고 있다. AOC는 '보르도'라는 표기로 전체를 아우르기도 하고 좀 더 구체적으로 '포이약(Pauillac)'처럼 보르도의 한 구역을 지칭할 수도 있다. 부르고뉴의 경우, 르 몽라셰(Le Montrachet)처럼 그랑 크뤼에 선정된 개별 포도밭을 지칭하기도 한다. 다른 나라도 자체 체계를 구축하고 있지만 프랑스처럼 세분화하지 않았다. 이탈리아에는 DOC(Denominazione di Origine Controllata)가 있고 스페인에는 DO(Denominaciones de Origen), 포르투갈에서는 DOC(Denominacao de Origem Controlada)로 표기한다. 뉴 월드(New World, 신생 와인 생산국으로 호주, 뉴질랜드, 남아프리카, 미국 등을 지칭)의 경우 미국은 AVA(American Viticultural Area)를, 호주는 GI(Geographical Indication)로 표기한다.

음력 lunar calendar 묘목 심기, 잡초 뽑기, 수확과 취급 방식, 심지어 저장고 관리에서 병에 담는 작업에 이르기까지 모든 포도밭 관리의 중요한 과정은 음력을 기준으로 실시한다. 포도의 네 가지 구성 요소인 뿌리, 잎사귀, 꽃, 열매는 땅, 물, 공기, 불이라는 지구의 기본 요소와 연결돼 있다. 각 요소는 달의 특정 주기를 선호한다고 알려져 있다.

클론 clone 원 포도 품종을 가지치기해 전통적으로 번식시킨 복제 품종. 오늘날 클론은 주로 연구실에서 생산되고 자라 생산량, 병충해, 서리나 가뭄에 대한 저항력과 같은 부분을 연구하는 용도로 쓰인다.

프리미에 크뤼, 그랑 크뤼 Premier Cru, Grand Cru 프랑스 아펠라시옹에서 분류한 품질 등급이나 중요성은 지역별로 차이가 있다. 크뤼는 '등급'이란 의미로 한 포도밭이나 집단 포도밭을 지칭할 수 있다. 보르도의 '좌안(Left Bank)'의 경우 탑 5 와인만 프리미에 크뤼 클라세(1등급)를 받을 수 있다. 우안(Right Bank)인 상테밀리옹(St-Emilion)의 경우 탑 13 와인을 프리미에 그랑 크뤼 클라세로 분류하고 그 아래 64개를 그랑 크뤼 클라세로 책정한다. 부르고뉴와 샹파뉴(Champagne)는 그랑 크뤼('특등급')가 최고 품질 단계로 그다음이 프리미에 크뤼다. 알자스(Alsace)의 경우 프리미에 크뤼 분류를 하지 않는다. 그러나 그 지역 포도밭의 약 13퍼센트가 그랑 크뤼 등급이다.

테루아

30초 핵심정보

테루아는 전통 와인 생산 강국이 사용하는 명칭이나 점차 신생 지역까지 인정하는 추세다. 핵심은 바로 지역에 있다. 포도는 같은 품종, 클론, 루트스톡이라고 할지라도 개별 지역에서 고유 방식으로 자라며 이렇게 여러 지역에서 생산한 와인은 특색도 다르다. 다시 말해, 테루아는 모든 와인이 특별한 이유를 한마디로 설명해주는 용어인 셈이다. 포도는 당을 생성하는 식물이고 품종과 와인 종류에 따라 정해진 범주 안에서 생산지의 기후가 온화할수록 더 좋은 와인이 나오지만, 반대로 햇살이 너무 강하고 열기가 높으면 산도가 낮고 밍밍한 맛을 낼 수 있다. 그러므로 적절한 고도를 비롯해 북반구에서 남쪽을 향하거나 남반구에서는 북쪽을 향하는, 재배 조건이 잘 갖추어진 포도밭이 기온이 낮고 조건이 떨어지는 재배지보다 당도가 높은 포도를 영글게 한다. 그렇게 성분이 우수하며 바디감이 좋은 와인이 탄생한다. 바뀌지 않는 자연적 요소라는 이 공식에 인위적인 요인, 이를테면 전통, 포도 품종과 클론, 식재 밀도, 가지치기와 작업 기법을 비롯해 무엇보다 개별 토지당 생산량이 영향을 미침으로써 한 와인이 다른 와인과 차이가 나는 이유가 한층 분명해진다.

3초 맛보기 정보

테루아는 포도밭의 위치, 고도, 방향, 토질과 같은 물리적인 측면에 지역 기후 조건이 더해져 해당 포도밭에서 생산한 와인의 특성을 결정한다.

3분 심층정보

테루아에 대한 설명이 너무 많다 보니 토양의 유형이 와인의 '맛'을 좌우한다는 인상을 주어 석회질이 많은 지역에서 자란 포도는 왠지 석회석 맛이 날 것 같다. 하지만 과학적으로 입증된 사실이 아니며 토양 유형과 와인의 종류와 품질 간에는 아무런 연관성이 없다. 다만 토양의 유형, 깊이, 광물 조성, 배수, 물 고정 능력이 포도 성장의 전제조건이라 이것이 수확량, 포도의 익는 정도에 영향을 미치므로 와인의 유형과 품질에 연계될 수밖에 없다.

관련 주제

다음 페이지를 참고하라
비네롱 18쪽
작업 기법과 가지치기 20쪽
아펠라시옹의 시작 90쪽

30초 저자

스티븐 스켈튼 MW(Master of Wine)

와인의 본질과 품질의 상당 부분이 포도가 자라는 지역에서 결정된다는 건 현재 널리 알려진 사실이다.

비네롱

30초 핵심정보

품질이 뛰어난 와인을 원하는 수요가 많아지면서 고급 포도 생산이 다시금 주목받고 있다. 사실 이보다 더 중요한 요인은 없다. 프랑스어로 비네롱이라고 부르는 포도 재배자는 포도 생산의 모든 측면을 살피고 지역 기후와 토양의 상태를 고려하며 포도 품질에 영향을 미치는 모든 결정을 담당한다. 여기에는 부지 선정, 품종 선택, 활용할 클론과 루트스톡 지정, 포도밭 배치(경사 위 혹은 등고선이 있는 평지 선택의 여부), 이랑의 너비, 포도 간 거리, 가지치기 유형과 트렐리싱(trellising, 자라는 가지의 채광과 순환을 높이고자 와이어로 고정하는 재배방식) 여부 등도 속한다. 또한 휴면기에도 가지치기를 하고 덩굴이 평년과 똑같이 싹을 틔울 수 있도록 관리하고 작물 생장을 살피며 포도덩굴과 과실이 수확 전 병충해에 시달리지 않도록 보호해야 하는 중요한 연례 임무를 맡고 있다. 그 밖에 잎사귀 제거, 과실 솎기와 같은 추가 작업도 해야 한다. 포도밭 흙을 돌보는 일 역시 소홀히 할 수 없다. 이랑 사이를 정리하고 덩굴 아래 잡초를 제거하며 장맛비에 가파른 언덕을 타고 내린 토사에 귀중한 토양이 망가지지 않도록 살피는 세세함도 필요하다.

3초 맛보기 정보

포도를 제대로 키워내는 건 비네롱의 책임으로, 깨어 있는 시간 내내 특정 와인을 생산하기 적합한 수준의 품질과 생산량에 도달하고자 부지런히 애써야 한다.

3분 심층정보

일 년 치 농사를 물거품으로 만들어버릴 수 있는 시기가 찾아올 때면 비네롱은 정신을 바짝 차리고 대비해야 한다. 봄에 내리는 서리, 여름철 우박, 생장기에 잎사귀와 포도에 생기는 곰팡이, 포도송이가 영글기 시작할 때 찌르레기 떼의 습격 등이 재앙이 될 수 있다. 서리를 막는 열 히터를 쓰든, 우박 구름에 로켓을 쏘아 날려버리든, 곰팡이 방지 스프레이를 뿌리거나 새가 들어오지 못하게 촘촘한 그물망을 세우든 간에 포도 재배자는 잠시도 경계를 늦춰서는 안 된다.

관련 주제

다음 페이지를 참고하라

테루아 16쪽

작업 기법과 가지치기 20쪽

유기농과 생물역학 재배 26쪽

아펠라시옹의 시작 90쪽

30초 저자

스티븐 스켈튼 MW

한 해의 포도 재배가 성공적으로 끝난다는 건 자연의 변덕 앞에서 비네롱이 내린 결정이 잘 반영되었다는 뜻이다.

작업 기법과 가지치기

30초 핵심정보

덩굴식물인 포도는 어떤 구조물 위로도 자유롭게 움직이며 빛을 찾고 수많은 작은 포도송이를 맺는다. 원하는 수요와 품질을 맞추려고 포도 농가는 이랑을 파 접근성과 수확을 높이고 생산자는 격자 짜기 지지대 등 다양한 작업 기법을 활용한다. 스페인 란사로테 섬처럼 엄청나게 가문 지역에서는 포도가 지지대 없이 바닥에서 자란다. 잘 익은 건강한 포도를 키운다는 목표는 같지만 기후, 포도 품종, 와인 스타일, 지역 전통과 아펠라시옹의 법적 요건을 반영해 각자 작업 기법과 가지치기 방식을 정한다. 가지치기는 수확 한두 달 뒤 포도밭이 휴면기에 들어갔을 때 실시한다. 좀 더 서늘한 기후에서는 빽빽하게 심고 줄기치기를 선호한다. 따뜻한 지역에서는 듬성듬성하게 심고 단 가지치기로 밭을 구성한다. 알이 작고 힘없는 가지는 잘라내 수확량을 조절하고 최대한 포도가 잘 익도록 만든다. 생장 시기의 포도는 격자 짜기로 붙잡아 과실이 빛과 공기를 듬뿍 받게 해야 하지만 매우 더운 기후에서는 그늘을 좀 만들어줘야 포도가 건포도로 변하는 걸 막을 수 있다.

3초 맛보기 정보

필요한 와인에 적절한 포도를 생산할 수 있도록 여러 작업 기법과 가지치기로 포도나무를 관리해주어야 한다. 최상급 와인은 소량 생산, 평범한 와인은 대량 생산한 제품이다.

3분 심층정보

땅을 쓰는 방식을 포함해 여러 요인이 포도나무 작법에 영향을 준다. 독일 모젤 지방처럼 경사가 아찔한 부지로는 트랙터 진입이 불가하므로 포도나무를 기둥 하나에서 자라도록 식재해야 한다. 그 밖의 지역에서는 가파른 경사지에 테라스를 만들어 포도나무와 농기구의 수평을 맞춘다. 경사가 완만하거나 평지라면 대량 생산이 가능하므로 사용하는 장비에 따라 포도나무를 줄지어 넓게, 혹은 좁게 세울 수 있다.

관련 주제

다음 페이지를 참고하라
테루아 16쪽
비네롱 18쪽

3초 인물

쥘 귀요(1807~1872)
프랑스 농학자로 보르도 포도밭 대다수에 적용되는 포도 관리 체계를 고안한 인물

30초 저자

스티븐 스켈튼 MW

포도밭에서는 대부분 두 가지 가지치기 기법을 다채롭게 변형해 사용한다. 줄기치기는 열매를 맺은 나무를 길게 이어가는 방식이고 단 가지치기는 나이가 든 나무에서 매년 과실을 맺는 나무로 짧은 줄기(단 가지)를 옮기는 식이다.

1922
부르고뉴 본 로마네(Vosne-Romanée)에서 출생

1939
가족 소유의 포도밭을 일구고자 학교를 그만두고 형제들과 일선에 나섬

1942
포도주 양조자의 딸 마리 마르셀 후제(Marries Marcelle Rouget)가 자이에에게 포도 재배를 권함

1942
부르고뉴 대학교에서 포도주 양조학 공부 시작

1945
누아로-까뮈제(Noirot-Camuzet) 가문의 여러 프리미어와 그랑 크뤼 이랑을 관리해주는 대신 수확량의 50퍼센트를 받아 와인을 생산하기로 합의하고 10년 계약 체결

1945~50
자신의 와인 양조 기술을 더욱 가다듬어 도매상에 와인을 팔기 시작

1951
리쉬부르(Richebourg), 본 로마네, 뉘 생 조르주(Nuits-St-Georges)에 포도나무 임대. 자신의 라벨을 달고 생산 시작

1951
크로 파랑투(Cros-Parantoux) 포도밭 일부를 구입, 재정비와 이식

1953
인스티튜 나시오날 데 아펠라시옹 도리진 콩트롤레(Institut National des Appellations d'Origine, 줄여서 INAO) 로비에 성공해 크로 파랑투를 프리미에 크뤼 지위로 격상

1970
로베르 아르누의 여동생으로부터 크로 파랑두의 마지막 지분을 구입

1978
자신의 첫 100퍼센트 크로 파랑투를 생산, 미국에서 획기적인 성공을 거둠

1995
공식적으로 자이에의 마지막 크로 파랑투 빈티지 생산

1996
조카 에마뉘엘 후제(Emmanuel Rouget)에게 일을 넘기고 은퇴했으나 와인은 계속 만들었고 2001년까지 그의 이름으로 리저브 쿠베(Réserve cuvée)가 나옴

2001
포도밭의 권한을 장 니콜라 메오(Jean-Nicolas Meo)에게 넘기고 도멘(domaine) 운영은 조카 에마뉘엘 후제에게 맡김

2006년 9월 20일
84세의 일기로 디종에서 숨을 거둠

2012
자이에의 개인 포도주 저장고가 홍콩 경매에서 낙찰. 98로트 리쉬부르 와인 세 병이 1,573,000홍콩달러(한화 약 2억 6440만 원)에 팔림

앙리 자이에

앙리 자이에는 지금의 부르고뉴산 와인을 있게 한 산증인으로 포도밭에서 힘들게 작업하는 일부터 근사한 저장소에서 양조하는 일에 이르기까지 모든 부분에 참여했다. 그런 까닭에 2006년 그가 사망하자 <피가로(Le Figaro)>와 <뉴욕타임스(New York Times)> 등 세계 굴지의 신문들이 일제히 부고 기사를 내보냈다. 2012년 그의 본 로마네 '크로 파랑투' 1985가 25만 달러가 넘는 가격에 팔렸다.

자이에는 열여섯에 아버지의 포도밭을 돌보고자 학교를 중퇴했고 형제들은 전쟁에 징용됐다. 1945년 누아로 까뮈제와 계약을 맺고 본 로마네 포도밭을 관리해주는 대가로 수확량의 절반을 받기로 했다. 이후 한두 해 동안 와인을 만들어 도매업자에게 팔면서 기량을 갈고닦았다.

결국 본 로마네, 에세조(Echézeaux), 뉘 생 조르주에 있는 아버지의 약 3만4803제곱미터에 이르는 포도밭을 상속받았고 차츰 소작지를 늘려나갔다. 그랑 크뤼 '리쉬부르' 위 버려진 크로 파랑투 포도밭 일부를 구매한 결정이 주요했다. 부지의 잠재력을 알아본 그는 잡목과 바위를 정리하고 신중하게 고른 피노 누아 품종을 심었다. 그렇게 부르고뉴에서 가장 널리 칭송받는 프리미에 크뤼 포도밭이 탄생했고 그랑 크뤼 품질로 널리 인정받았다.

자이에는 시대를 한참 앞서간 사고방식으로 포도밭과 저장소 모두에 인위적인 개입을 최소화해야 한다고 판단했다. 그는 전후 부르고뉴에서 화학 비료를 거부하고 쟁기질로 잡초를 제거하는 방식을 처음으로 옹호한 인물이다. 또한 낮은 생산량이 진짜 훌륭한 와인의 토대가 된다는 진리를 와인 제조자의 법칙이 되기 한참 전에 깨달았다.

포도가 완벽하다면 저장소에 손을 대는 일이 불필요하다고 생각했고 종종 수확량의 최대 20퍼센트를 폐기했다. 와인에 타닌의 쓴맛이 배어나지 않도록 가지치기했고 '콜드 소킹(cold soaking, 발효 전 포도를 찬물에 담가 더 많은 풍미, 향, 색을 추출하는 방식)'의 개척자 중 한 명이다. 위생상의 이유로 그는 나무통 대신 콘크리트에서 발효를 진행했으며 와인 고유의 특성이 사라지지 않도록 병에 담기 전 다각도로 필터링을 거쳤다.

지금은 일반적이라고 여겨지나 당시에는 혁신 그 자체였던 앙리 자이에의 기법은 당연히 부르고뉴에서 나온 와인 중 가장 풍부한 질감과 복합미, 정제된 균형미가 느껴진다는 극찬을 받았다. 평생에 걸쳐 그는 당대 최고의 비네롱으로 명성을 떨쳤고 완벽을 추구하는 수많은 이들에게 영감을 주었다.

필록세라

30초 핵심정보

라틴어 필록세라 바스타트릭스(Phylloxera vastatrix)는 파괴력이 있는 진딧물을 뜻하는 명칭으로 유럽 포도 품종인 비티스 비니훼라의 뿌리에 기생하며 양분을 흡수하고 차츰 포도를 말라 죽게 만든다. 이 진딧물이 미국 동부와 남동부에서 유럽으로 넘어왔고 미국에서는 이미 야생 품종에 기생하며 자라왔기에 내성이 생겼다. 필록세라의 공격이 절정일 때 유럽 포도밭은 거의 전멸되다시피 했다. 이 해충을 없애려고 필사적으로 노력했지만 유일하고 장기적인 해결책은 진드기에 내성이 있는 미국 품종의 루트스톡에 비니훼라를 접붙이는 방법뿐이었다. 현재 유럽과 다른 지역은 거의 다 이 방식을 채택하고 있다. 진드기로부터 고립된 외딴 지역(가령, 칠레)만이 접붙이지 않고 자체 뿌리 그대로 자란다. 루트스톡에 접붙이면 석회가 많고, 염분이 있거나 아주 건조한 토양, 선충에 감염된 토양과 같이 척박한 환경에서도 포도가 잘 자라는 추가적 장점이 있다. 그러나 캘리포니아의 포도 생산자들이 필록세라에 저항성이 있는 특정 루트스톡을 시범적으로 심어보았더니 해당 기후와 토질에 적합하지 않아 진딧물이 전보다 심하게 생겨 20세기 말에 두 번째 전염병으로 확산되었다.

3초 맛보기 정보

19세기 작은 해충이 전 세계 포도밭을 초토화했고 지금도 특정 환경에선 심각한 위협 요소다.

3분 심층정보

필록세라(현재 공식적으론 포도뿌리혹벌레 Daktulosphaira vitifoliae로 지칭)는 19세기 후반 유럽 와인 업계를 무너뜨린 치명적인 해충이었지만 포도의 유일한 적은 아니다. 두 가지 형태의 흰 곰팡이인 노균병과 백분병균도 거미, 나방, 진드기, 벌레가 포도덩굴을 파먹으면서 널리 퍼트리므로 비네롱은 다양한 구제책과 치료법으로 포도가 자라는 시기 내내 포도밭을 지키는 데 힘써야 한다.

관련 주제

다음 페이지를 참고하라
위기의 세기 88쪽

3초 인물

쥘 에밀 플랑송
(1823~1888년경)
처음으로 필록세라를 발견한 프랑스 식물학자

30초 저자

스티븐 스켈튼 MW

포도밭의 재앙인 필록세라는 포도덩굴의 건강을 가장 크게 위협하는 존재로 남아 있다.

유기농과 생물역학 재배

30초 핵심정보

유기농 포도밭은 자연발생 원료, 특히 구리와 유황을 써 병충해로부터 포도를 보호하고 화학 제초제 대신 뿌리 덮기와 기계 재배로 잡초를 관리한다. 합성 비료, 살균제, 농약은 쓰지 않는다. 생물역학 재배는 유기농법을 한 단계 높인 요법과 비슷해서 루돌프 슈타이너가 주장한 '완전 농법'에 따라 자생 성장적 접근방식을 따른다. 이 방식은 특정한 준비를 해주면 포도가 자체 방어 기재를 생성하도록 촉진해 스스로 치유할 수 있다는 개념을 도입했다. 이를테면 소뿔에 거름 혹은 석영을 가득 채워 땅에 묻어서 퇴비를 만들어 토양 속 수많은 벌레와 미생물이 자라도록 돕는 식이다. 또한 생물역학은 음력을 기반으로 하기에 식물의 생장도 달의 모습이 바뀌는 일시에 따라 뿌리 자리기, 새순 나기, 꽃피우기, 열매 맺기의 네 유형으로 나눈다. 높은 등급을 받은 일부 포도밭은 유기농과 생물역학 재배방식을 수용한 뒤로 와인 품질이 향상되었다고 주장한다. 많은 재배자가 종합적 병충해 관리(Integrated Pest Management, 줄여서 IPM) 방식으로 기후 상황을 참고해 병충해의 공격 시기를 예측하며 생산을 조절한다.

3초 맛보기 정보

유기농과 생물역학 재배는 해충, 질병, 잡초를 제거하는 방식으로 자연적이고 기술적인 해결책을 선호하기에 화학적 처리를 삼가고 자연 발생한 비료를 쓴다.

3분 심층정보

인공 화학품을 사용하지 않고 포도를 재배하는 작업은 한층 까다롭고 일반적인 농법보다 비용이 많이 들어가지만 조금 더 '자연에 가깝고' 지속 가능한 방식으로 포도를 생산해 환경과 건강 문제에 경종을 울리고자 하는 목적을 충족시켜준다. 인증받은 생물역학 생산자로는 유에(루아르), 카이유스(워싱턴), 펠튼 로드(뉴질랜드)가 있으며 생물역학 철학을 지지하는 이들로는 샤토 드 퓰리니 몽라쉐(부르고뉴), 프록스 립과 쿠페(캘리포니아)가 있다.

관련 주제

다음 페이지를 참고하라
비네롱 18쪽

3초 인물

루돌프 슈타이너(1861~1925)
호주의 철학자이자 과학자이며 생물역학 운동의 창시자

마리아 툰(1922~2012)
독일의 생물역학 농부로 달의 변화 주기에 따라 씨앗을 뿌리고 묘목을 심는 방법을 고안한 핵심 인물

30초 저자

스티븐 스켈튼 MW

달이 땅의 생명에 영향을 끼친다는 믿음은 대 플리니우스(Pliny the Elder)가 박물지를 기록한 시대까지 거슬러 올라간다. 자연을 거스르지 않고 순응하는 방식을 채택하는 생산자의 수가 늘고 있다.

와이너리

와이너리 용어

르뮈아주 remuage 샴페인을 만드는 과정에서 침전물을 걸러내는 작업. 병에 담은 뒤 주기적으로 사람의 손이나 자이로 팔레트라고 알려진 기계로 흔들어 두 번째 발효 뒤 나온 리스가 병목으로 올라오도록 해 쉽게 제거한다. 그리고 신선한 와인으로 빈자리를 채운 다음 코르크로 막아 금속 보관함에 안전하게 보관한다.

리스 lees 발효를 끝낸 이스트와 잔여물로 이루어진 침전물이나 덩어리. 일반적으로 침전물이 가라앉을 때까지 놔둔 다음 깨끗한 용기로 가라앉은 리스를 걷어낸다. 리스를 오래 방치한 와인은 '이스트'의 풍미가 더해지며 뮈스카데 쉬르 리가 대표적이다(쉬르 리는 '리스 위에 두다'는 뜻이다).

머스트 must 발효 전 포도를 으깨서 나온 달콤한 액체. 껍질, 씨, 과육, 즙이 들어 있다.

메토드 샹프누아즈 méthode champenoise 샴페인을 만드는 복잡한 과정을 설명하는 용어. 반드시 프랑스 샹파뉴 지방에서 포도를 키우고 와인을 생산해 병에 담는 작업까지 마쳐야 한다. 1994년 전례 없는 유럽 법률 소송에서 다른 지역에서 나온 샴페인은 이 용어를 쓸 수 없다고 명시했다. 따라서 프랑스의 타 지역 혹은 유럽에서 만든 스파클링 와인은 일반적으로 메토드 트라디시오넬이라고 부른다.

배럴 발효 barrel fermentation 알코올 발효 과정으로, 일반적으로 저장소의 온도에 맞춰 작은 오크 통에서 발효한다. 와인을 새 배럴(보통 225리터 용량)에서 발효하면 새 오크에서 숙성한 와인보다 오크 풍미가 더 잘 결합한다.

블렌드 blend 선별한 배럴 혹은 작은 통에 든 와인을 혼합해 더 균등하고 큰 용량으로 만드는 작업. 다양한 포도 품종으로 만든 와인을 지칭하기도 한다. 대부분의 와인이 블렌딩을 거쳤다. 대표적으로 메독 클라레(Médoc claret)는 네 가지 포도 품종으로 구성된다. 논 빈티지 샴페인은 여러 빈티지 와인을 블렌딩한 것이다. 블렌드는 프랑스어로는 아상블라주(assemblage) 혹은 퀴베(cuvée)라고 부른다.

비너픽케이션 vinification 포도를 와인으로 만드는 과정을 지칭한다.

산화 와인 oxidized wine 공기 중에 과다 노출돼 본연의 과일 맛을 상실한 와인을 지칭한다. 중세 이후로 와인이 산화하는 걸 방지하고자 제조 시 유황을 사용했다. 산화를 억제하는 건 올로로소 쉐리(단맛이 강한 스페인 셰리 와인)와 같은 일부 클래식 와인의 한 특성이기도 하다.

아이스바인 Eiswein / **아이스와인** Ice wine 늦게 수확한, 일반적으로 서리를 맞은 포도로 만든 스위트 와인으로 독일, 오스트리아, 캐나다에서 흔히 볼 수 있다. 포도를 으깨는 과정이 끝나면 얼음물이 빠져 당도, 산미, 맛이 더 집약된다. 뉴 월드에서 이따금 인공적으로 얼린 포도로 아이스 와인을 만들기도 한다.

추출 extraction 펌핑 오버(pumping over)와 압착 같은 다양한 방식으로 와인을 발효하는 과정과 그 이후에 포도 고체물에서 페놀릭(타닌과 색)을 추출하는 과정.

추출물 extract 와인의 바디 혹은 맛의 중량을 설명할 때 쓰는 용어다. 엄밀히 말해 추출물은 증발 후에 남은 와인의 불휘발성 고체 잔여물이다. 설탕, 산, 미네랄, 페놀릭, 미량성분 단백질, 펙틴이 속한다. 병에 담기 전 불순물을 거르지 않은 와인에 추출물이 더 많다.

침용 maceration 포도 겉껍질과 과육을 포도즙이나 와인에 담가 색, 풍미, 타닌을 추출하는 방식. 발효 전, 중, 후에 할 수 있고 액체의 온도나 휘젓는 정도에 따라 달라질 수 있다.

쿠퍼리지 cooperage 잘 건조한 오크로 배럴이나 통을 만들고 수리하는 작업자의 활동이나 작업장을 지칭한다. 작은 배럴은 주로 불을 쏘여 그슬림 처리를 한다. 불을 많이 입힐수록 배럴의 향과 풍미가 와인에 잘 스며든다.

타닌 tannin 레드 와인에서 드라이하고 가끔은 쓰거나 톡 쏘는 맛을 형성하는 요소. 포도의 껍질, 씨앗, 줄기에서 나오며 오크통에서 발생하는 경우도 있다. 색소가 있는 타닌은 칼륨, 칼슘, 타르타르산 등 다른 요소와 함께 시간이 지나면 침전물을 형성한다.

탄산 침용 carbonic maceration 으깨지 않은 포도송이 그대로 레드 와인을 만드는 방식. 발효로 속에서 이산화탄소가 차올라 포도알을 터트리며 전체 발효를 이어간다. 덕분에 한층 진한 과일 맛이 감도는 와인이 탄생한다.

통 발효 vat fermentation 나무, 에폭시 레진 혹은 유리 테두리가 있는 시멘트 통 또는 스테인리스 스틸 소재의 큰 비활성 용기에서 알코올 발효를 하는 방식. 프랑스의 푸드레(foudre)는 전통 나무통으로 대략 2000~1만2000리터를 수용할 수 있으며 새 것일지라도 와인에 오크의 영향을 전혀 주지 않는 이유는 수용량에 비해 상대적으로 표면적이 작은 덕분이다.

포도주 양조학 oenology 와인과 와인 제조를 연구하는 학문이다. 포도주 양조학자는 와인 품질에 포도 품질이 결정적인 역할을 하므로 포도재배학에도 전문성을 키워야 한다.

발효

30초 핵심정보

루이 파스퇴르는 모든 생물의 변화 과정에 중요한 역할을 하는 미생물을 발견했다. 그전까지 와인 생산이란 개방한 용기 안에 포도즙을 넣고 달콤한 포도즙이 알코올로 변할 때까지 기다리는 일이 전부였다. 가끔 꽤 근사한 맛이 탄생했다. 지금 우리는 이스트가 포도즙 속 당분을 알코올로 발효시키고 동시에 이것이 와인의 맛을 생성한다는 점을 알고 있다. 알코올 발효는 일반적으로 제빵사와 양조자들이 쓰는 사카로미세스 엘립소이더스(Saccharomyces elipsoideus) 이스트에 의존한다. 보편적인 이스트라고 설명하기도 하지만 대기 중에 존재하는 많은 토종 효모 균주는 근사한 와인을 만들기에는 적합하지 않아 현대 와인 제조업자 상당수가 특별히 배양한 이스트를 추가한다. 각기 다른 균의 범주는 엄청나며 와인 양조자가 필요에 따라 선택할 수 있다. 최고의 거품을 만들어주는 이스트, 향을 강화해주는 이스트, 알코올 도수를 높이거나 낮춰주는 이스트도 있으며 심지어 가장 섬세한 피노 셰리를 만들어주는 특별한 이스트도 있다. 모두 조심스럽게 배양한 생물로서 따뜻한 환경과 영양소가 풍부한 곳을 좋아한다. 이스트는 원하는 걸 얻지 못하면 삐쳐서 죽어버린다. 그러면 양조자는 만들다 만 와인만 한 아름 안게 되는 큰 곤란에 빠진다.

3초 맛보기 정보

포도즙이 기적적으로 와인으로 변하는 건 자연의 연금술사인 이스트가 활약한 덕분이다.

3분 심층정보

발효에는 수천 가지 방법이 존재한다. 일부는 이스트를 쓰고, 다른 일부는 박테리아의 힘을 활용한다. 발효로 얻은 부산물은 세제부터 복잡한 약제까지 매우 다양하다. 발효는 늘 우리 주변에서 진행 중이다. 정원의 낙엽이 양분 넘치는 퇴비가 되기도 하고 우유가 응고해 요거트와 치즈가 되는 것처럼 말이다.

관련 주제

다음 페이지를 참고하라
강화 와인 44쪽

3초 인물

루이 파스퇴르(1822~1895)
프랑스 화학자이자 미생물학자

30초 저자

데이빗 버드 MW

우연히 벌어진 일과 시도 그리고 실패와 더불어 수 세기에 걸쳐 과학지식이 발전하면서 인간은 이스트의 대사 작용 능력을 강화해 포도라는 자원에서 근사한 와인을 생산할 수 있게 되었다.

이산화황

30초 핵심정보

이산화황은 제대로 된 와인 생산에 도움을 주는 특성을 많이 가지고 있어 와인 제조자에게 가장 든든한 동지다. 그러나 잘못 사용하면 상당히 불쾌한 물질이 되므로 논란의 여지가 큰 재료이기도 하다. 이산화황에는 특별히 귀중한 특성이 두 가지 있고, 그중 최고는 재빨리 산소를 흡수하는 강력한 항산화제 역할을 한다는 점이다. 와인은 포도즙과 식초 사이 어디쯤에 위치한 불안정한 액체다. 이스트가 포도즙 속 당분을 알코올로 변환하고 그런 다음 박테리아가 알코올을 식초의 기본 토대가 되는 아세트산으로 바꾼다. 그러나 후자는 공기 중에 풍부한 산소의 존재 여부에 따라 반응이 달라져 와인으로 흡수될 수 있다. 따라서 산화된 와인은 급속도로 풍미와 색, 향을 잃어버리고 만다. 이때 이산화황이 보존제로서 가장 중요한 역할을 한다. 산소가 와인을 망가뜨리기 전에 공격해 와인이 신선하고 건강한 상태를 유지한다. 이스트와 박테리아의 활동을 억제하는 일이 이산화황의 두 번째 특성이자 역할인데, 현대 보틀링 기법이 발달함에 따라 더는 중요한 특성이 아니다. 황이 들어간 포도즙 혼합물에서 이스트가 활동해 발효가 진행되는 동안 이산화황이 자연스럽게 생성되는데 작은 양이지만 매우 중요하다.

3초 맛보기 정보

이산화황은 와인 생산자들이 와인에 첨가를 허락한 몇 안 되는 물질 중 하나이며 가장 널리 쓰인다.

3분 심층정보

이산화황은 소시지와 말린 과일 등 여러 식재료의 보존재로 활용도가 높다. 요즘 유행하는 자연주의를 지지하는 생산자들은 이산화황을 불필요한 첨가제로 여겨 피하지만 이산화황 없이 질 좋은 와인을 만들려면 공기 중 산소 유입을 막는 아주 섬세한 기법이 필요하다. 유럽에서는 이산화황이 알레르기 유발 물질이라서 사용할 경우 라벨에 표기하도록 규정하고 있다.

관련 주제

다음 페이지를 참고하라
밀봉 48쪽
와인과 건강 152쪽

30초 저자

데이빗 버드 MW

톡 쏘는 무색 가스를 음식이나 음료의 재료로 보기에 좀 어색하나 이산화황은 고대 로마 시대부터 지금까지 와인의 품질과 신선도를 유지하는 용도로 쭉 사용돼왔다.

SO2

화이트 와인 제조법

30초 핵심정보

화이트 와인은 일반적으로 백포도로 만드나 간혹 흑포도를 쓰기도 하는데, 흑포도 즙 대부분이 색이 없어서다. 잘 익은 백포도를 따서 으깨고 압착해 즙을 모아 발효하면 가장 간단하게 화이트 와인을 만들 수 있다. 물론 여기에 품질을 높일 수 있는 다양한 정제방식이 존재한다. 포도의 풍미 상당수가 표피에 있기에 잘 으깨지 않으면 껍질과 함께 맛이 사라진다. 다행히 껍질 속에 포함된 맛 혼합물질의 구성 체계가 약해서 으깰 때 즙과 함께 쉽게 파열된다. 이 과정을 '스킨 콘택트(skin contact)'라고 부른다. 흑포도로 만드는 경우, 특정 껍질 세포에 안토시아닌이라는 색상 물질이 들어 있어서 통에 껍질이 남아 있으면 즙이 분홍색, 심하면 붉은색으로 변할 가능성이 있으므로 백포도와 제조 방식을 달리한다. 일반 화이트 와인 혹은 스파클링 화이트 와인을 만들 때 사용하는 피노 누아는 포도를 으깬 직후 껍질과 즙을 분리한다. 전부는 아니지만 화이트 와인 상당수가 최대한 투명한 색을 얻고자 걸러내는 과정을 거친다. 이때 작은 고체 알갱이뿐 아니라 풍미까지 빠져나갈 수 있으니 각별히 주의해야 한다.

3초 맛보기 정보

화이트 와인은 드라이, 스위트 혹은 엄청 감미로운 맛을 내는 종류가 있으며 그 단맛은 와인에 대한 변치 않는 사랑으로 발전하게 하는 좋은 계기다.

3분 심층정보

세계적으로 꼽는 화이트 와인은 서늘한 기후 지역에서 주로 나오는데 흑포도보다 낮은 온도에서 백포도가 잘 익는 이유에서다. 또한 화이트 와인 특유의 상쾌한 풍미를 유지하려면 레드 와인보다 산미가 높아야 하는데 온도가 올라가면 당연히 산도가 떨어진다. 스위트 화이트는 자애로운 곰팡이(보트리티스 시네레아)와 태양, 심지어 서리와도 결합해 즙을 집약하는 특별한 기술을 통해 근사한 디저트 와인으로 거듭난다.

관련 주제

다음 페이지를 참고하라
발효 32쪽
스위트 와인 42쪽

30초 저자

데이빗 버드 MW

처음에 화이트 와인은 모두 같은 단순한 방식에서 출발한다. 포도를 압착해 즙을 낸 다음 걸러 알갱이를 제거한다. 그리고 즙을 통에 넣고 이스트를 더하면 발효가 시작된다. 그다음 단계에서 방법이 다양해지는데 화이트 와인은 드라이한 것부터 시럽처럼 달콤한 것까지 스타일이 여러 가지고 스파클링과 강화 와인처럼 다채롭게 변할 수 있기 때문이다.

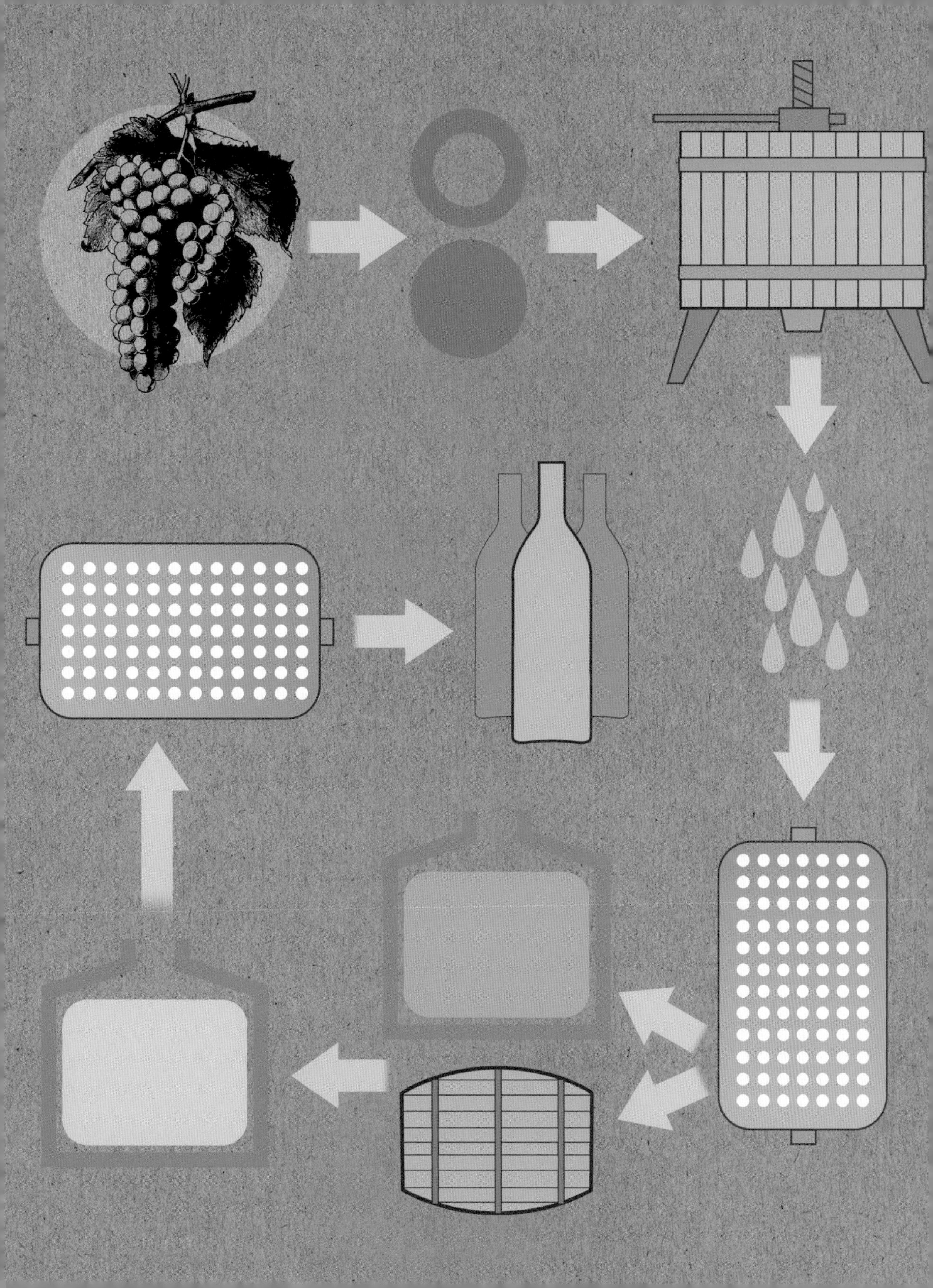

레드 와인 제조법

30초 핵심정보

레드 와인은 언제나 흑포도로 만든다. 대체 품종이 없는 이유는 붉은 색상이 이 품종의 껍질 세포에서 발견되기 때문이다. 반면 즙은 일반적으로 색이 없다. 압착 후 겉껍질을 즙에서 분리하지 않기에 화이트 와인과 양조 방식이 다르며 즙이 발효해서 세포가 충분히 누그러져 뭉개지고 색소와 타닌을 방출하도록 놔둔다. 와인 제조 공정에서 중요한 단계이자 생산자의 전문성이 가장 잘 드러나는 부분이다. 시간과 온도는 와인 스타일에 큰 영향을 미친다. 너무 오래 침출하면 거칠고 쓴 와인이 탄생한다. 온도가 너무 높으면 신선한 과일 풍미를 찾아볼 수 없게 된다. 발효 온도는 일반적으로 화이트 와인보다 좀 높은데 겉껍질에서 색소 물질을 추출하는 데는 좀 더 높은 온도가 효과적이라서다. 발효는 모든 당 성분이 알코올로 바뀔 때까지 진행되며 그렇게 해서 나온 레드 와인의 상당수가 드라이이다.

3초 맛보기 정보

레드 와인은 산뜻한 것부터 진한 것, 도수가 약한 것부터 독한 것, 혹은 복합미가 느껴지는 것까지 스타일이 다양하며 병에 담자마자 마시는 것도, 혹은 수십 년간 보관해야 하는 것도 있다.

3분 심층정보

일반적으로 흑포도가 완전히 익으려면 백포도보다 더 따뜻한 온도가 필요하기에 레드 와인은 온화한 기후 지역에서 많이 생산한다. 겉껍질과 함께 발효해 강력한 구조와 풍미, 질감이 껍질 속 타닌에서 배어 나오도록 만든다. 품질을 높이려면 타닌을 어느 정도 누그러뜨릴 시간이 필요하기에 화이트 와인보다 최소 몇 년에서 수십 년을 숙성해 맛을 정제한다.

관련 주제

다음 페이지를 참고하라
발효 32쪽
와인 숙성 144쪽

30초 저자

데이빗 버드 MW

레드 와인의 제조 방식은 화이트 와인과 같지만 한 가지 큰 차이가 있다. 발효하는 동안 포도 껍질을 즙과 함께 놔두어 색과 타닌이 와인에 우러나게 하는 부분이다. 레드 와인은 주로 드라이 혹은 강화 와인으로 나온다. 스킨 콘택트의 정도가 스타일을 결정한다. 로제나 가벼운 레드 와인부터 진하고 타닌 함량이 높은 레드까지 다양하게 만들 수 있다.

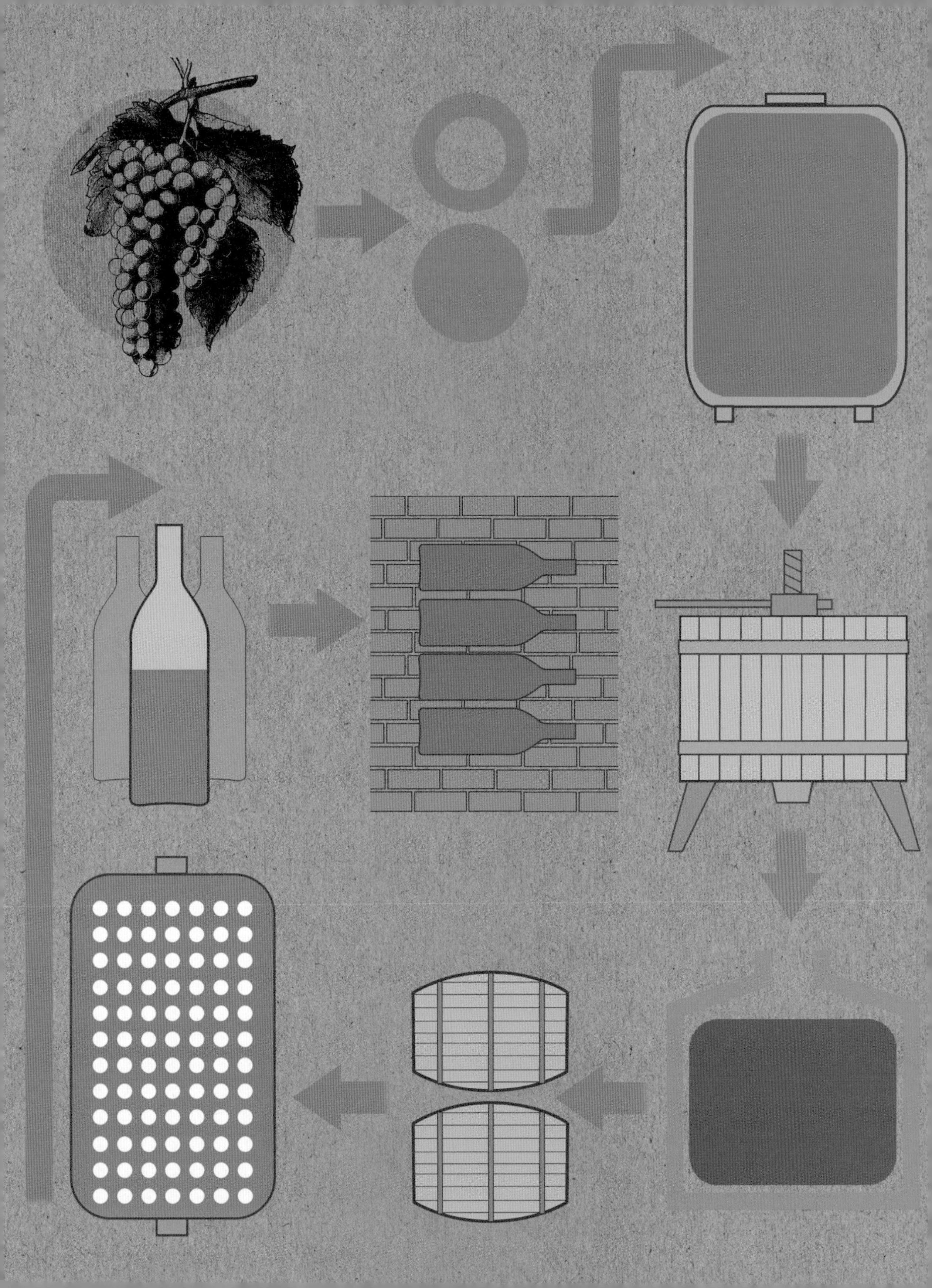

샴페인 제조법

30초 핵심정보

메토드 샹프누아즈로 알려진 샴페인 제조법은 거품을 생성하려고 병에서 발효하는 방식을 따른다. 이 과정은 포도당이 알코올로 변한 일반 드라이 와인의 생산부터 시작한다. 와인을 병에 담고 계량한 설탕과 활성 효모를 추가로 넣는다. 그런 다음 차가운 저장소에 눕혀 석회질이 가라앉아 숙성하기까지 최소 15개월(리스와 남은 이스트를 그대로 두고)을 놔두면 논 빈티지 샴페인이, 36개월을 두면 빈티지 샴페인이 된다. 이스트가 설탕을 양분으로 삼아 알코올로 변화시킬 때 이산화탄소를 생성한다. 이렇게 숙성한 다음 다 쓴 이스트를 제거한 최종 완성품을 잔에 따랐을 때 불순물 없이 깨끗해야 한다. 침전물은 복잡한 체질과 걸러내기 과정으로 제거하며, 병을 흔들어 침전물을 병목으로 올리는 방식도 사용한다. 차가운 물 안에 병목을 담그면 침전물이 얼음덩어리 속에 갇히므로 쉽게 제거할 수 있다. 병은 스타일에 따라 와인과 설탕을 채운 뒤 코르크로 막고 라벨을 붙여 판매한다.

3초 맛보기 정보
프랑스 샹파뉴 지방에서 생산되는 세계적으로 유명한 스파클링 와인은 샤르도네, 피노 누아, 피노 뫼니에와 같이 특별한 포도 품종을 사용하고 고도로 구체화된 절차를 따르므로 단순히 거품이 있는 와인으로 치부할 것이 아니다.

3분 심층정보
전 세계적으로 이 방식을 널리 활용하나 생산자는 자기 제품을 보호하는 측면에서 굉장히 민감하기에 반드시 전통 제조법을 따라야 한다. 영국 스파클링 와인이 샴페인과 같은 제조법을 따르며 특히 영국 남부 지방에서는 샹파뉴 지방과 같은 킴머리지 층(Kimmeridge clay)에서 포도가 자라기 때문에 결과물이 좋은 편이다.

관련 주제
다음 페이지를 참고하라
발효 32쪽
샴페인이 반짝이는 이유 86쪽

3초 인물
앙투안느 뮐러(1788~1859)
미망인 니콜 뵈브 클리코 퐁사르댕과 더불어 리들링(riddling) 기법을 고안한 독일의 셀라마스터

30초 저자
데이빗 버드 MW

테이블 와인과 달리 샴페인은 발효 전에 병에 넣는 작업을 완전히 마친다. 병 속에서 두 번째 발효가 진행되고 이때 병을 살짝 흔들고 뒤집는 리들링 과정을 거쳐 2차 침전물을 걸러낸다.

CHAMPAGNE
LOUIS ROEDERER

스위트 와인

30초 핵심정보

발효가 끝난 뒤 자연적으로 혹은 와인 생산자에 의해 의도적으로 포도의 당분을 와인에 남겨야 스위트 와인이 된다. 이스트는 더 이상 알코올로 변환시킬 당이 없을 때까지 계속 먹어 치우는 까닭에 잔류 당분을 얻기 쉽지 않다. 그래서 스위트 와인 대부분은 포도즙 원물에 ('반드시') 이스트가 소비하는 것보다 더 많은 당이 포함돼 있는 경우에만 만들어진다. 당이 풍부한 과일은 여러 상황에서 생겨나지만 포도가 특정 환경에서 일반 곰팡이의 공격을 받았을 때 생겨날 확률이 가장 높다. 이 포도는 썩지 않고 '귀부'에 굴복해 천천히 건포도와 비슷한 주름이 생기며 놀랍게 강렬하고 복합적인 향과 풍미 그리고 엄청난 단맛을 지닌 와인을 생산한다. 보르도의 전설적인 샤토 디켐에서 나온 소테른이나 독일의 에곤 뮐러 와이너리에서 생산한 트로켄베렌아우스레제(Trockenbeerenauslese)가 대표적이다. 설탕을 집약하는 또 다른 방법은 혹한의 서리에 포도를 얼려 아이스와인을 만드는 것이다. 언 포도는 반드시 이른 아침에 따 언 상태일 때 압착해야 얼음 결정이 즙에서 물만 효과적으로 제거해준다. 더운 기후 지역에서는 수확한 포도를 햇볕에 말려 같은 결과물을 얻는다.

3초 맛보기 정보

스위트 와인은 섬세하고 우아한 단맛부터 진하고 묵직한 달콤함까지 스타일이 다양하다.

3분 심층정보

설탕을 제외하고 스위트 와인의 가장 중요한 구성 요소는 단맛과 조화를 이루어 톡 쏘는 신맛을 내 미각을 되살려주는 천연산이다. 루아르 지방 포도밭에서 생산하는 슈냉 블랑과 헝가리의 유명한 토카이 아수 와인에 들어가는 푸르민트 등 특정 품종이 이 같은 특성을 지녔다. 스위트 와인의 대명사인 소테른은 높은 산미로 유명한 세미옹과 소비뇽 블랑으로 만든다.

관련 주제

다음 페이지를 참고하라
발효 32쪽
리슬링과 샤츠호프베르거 58쪽
보르도 100쪽
토스카나 104쪽

30초 저자

데이빗 버드 MW

겉보기에 늦게 수확한 포도는 최고의 상태와 거리가 먼 것 같지만 그 속에 집약된 당분이 절묘한 디저트 와인을 만드는 일등 공신이다. 포도가 얼게 놔두는 것도 당분을 얻는 흔한 방식 중 하나다.

강화 와인

30초 핵심정보

강화 와인은 일반적으로 병당 15~20퍼센트의 알코올 도수이며 발효한 머스트 혹은 완전히 발효한 뒤에 첨가하는 스피릿에 따라 스위트, 미디엄, 드라이 와인 모두 만들 수 있다. 스페인 남부 헤레스(Jerez)의 셰리는 산화를 막아주는 이스트 혹은 플로르(flor, 이스트가 산소와 만나 막을 형성한 것)에 덮인 채 숙성된다. 셰리는 팔로미노 품종인 모스카텔과 페드로 히메네스도 사용하며 달콤하고 점성이 높은 것부터 미묘하고 드라이한 피노에 이르기까지 스타일에 맞게 혼합한다. 원산지와 같은 이름인 포트(port)는 반대로 늘 스위트한데 항상 발효 초기에 스피릿을 첨가해 와인에 잔류 당분을 남기기 때문이다. 포트 스타일은 와인을 저장하는 방식에 따라 결정된다. 루비 포트는 커다란 나무통에 잠시 넣어두었다가 탱크로 옮겨 혼합한다. 타우니 포트는 스타일에 따라 10년, 20년, 혹은 40년 동안 작은 나무 배럴에 넣어 숙성한다. 빈티지 포트는 2년 뒤 병에 담은 다음 다시 수년을 더 숙성한다. 다른 유명 강화 와인으로는 수십 년간 숙성이 가능한 최고의 빈티지 와인으로, 동명의 섬에서 이름을 따온 마데이라와 시칠리아의 마르살라, 프랑스(뱅 두 나튀렐), 호주, 캘리포니아의 뮈스카가 있다.

3초 맛보기 정보

강화 와인은 브랜디나 순수 증류주와 같은 알코올을 첨가한 '머스트'거나 와인이어야 한다.

3분 심층정보

와인 중에서도 특별히 '마데이라'는 인공적으로 열을 가하거나 장기간 자연광에 두어 복합미와 풍미를 살린다. 원래 마데이라는 맘지(Malmsey) 포도로 만들고 브랜디나 사탕수수 증류주를 첨가해 긴 여정을 떠나는 배에 주로 실었으나 적도를 두 번 가로지르면서 오븐 아래 놓인 것과 같은 상태를 겪으며 술통 안 내용물이 한층 좋아진 걸 발견한 뒤로 인기를 끌기 시작했다.

관련 주제

다음 페이지를 참고하라
발효 32쪽
와인 숙성 144쪽

30초 저자

데이빗 버드 MW

세계에서 가장 우수한 와인인 셰리, 마데이라, 포트, 뮈스카는 강화 와인이다. 강화하면 와인의 맛이 한층 안정적이고 개봉한 뒤에도 수주간 보관할 수 있다는 장점이 생긴다.

TIO PEPE
FINO
EN RAMA
JEREZ DE LA FRONTERA
GONZALEZ BYASS
GRAN CRUZ

엘르바주

30초 핵심정보

현대 와이너리에서는 와인 대부분을 스테인리스 스틸 탱크에서 발효하고 보통 자동 온도 조절기를 사용한다. 가끔 추가로 복합미를 끌어내고자 탱크에 이스트 잔여물(리스)을 그대로 두기도 한다. 하지만 늘 최첨단 시설을 활용하는 건 아니다. 나무와 시멘트 통이 돌아온 건 두꺼운 벽이 온도 변화를 줄여주고 시멘트 통의 자연스러운 달걀 형태 만곡이 기계로 젓지 않아도 풍미를 가져다주기 때문이다. 이 기간, 역할을 다한 이스트와 와인의 구성요소 사이에서 상호작용이 이루어지므로 불쾌한 맛이 생기지 않도록 각별히 주의해야 한다. 화학 작용은 무산소 환경에서 발생하나 꼭 이 상태만이 최적화된 조건이라고 볼 수는 없다. 와인을 나무 용기로 옮겨 일반적인 산화 효과를 활용해도 된다. 용기가 작을수록 효과는 크다. 선호하는 목재는 오크고 활용법이 엄청나게 발전했다. 오크와 쿠퍼(배럴 메이커)에 관련한 수많은 선택 사항이 있다. 커다란 탱크를 쓸 것인지 작은 배럴을 쓸 것인지, 배럴을 얼마나 구울(그슬릴) 것인지, 통의 나이(새 오크가 오래된 오크보다 풍미가 좋다)와 와인을 배럴에 얼마나 넣어둘 것인지 등을 모조리 결정해야 한다. 그러므로 와인 생산자의 역할은 예술이자 과학 그 자체다.

3초 맛보기 정보

'양육' 혹은 '익힘'의 의미가 담긴 엘르바주(Elevage)는 발효 이후의 공정으로 와인을 병에 담기 전 마지막 단계다.

3분 심층정보

완성돼 병으로 들어가는 와인은 훌륭한 샤토나 유명 산지의 제품이라도 블렌딩을 거친다. 포도밭의 각기 다른 지역에 있던 포도로 만든 혼합 와인으로 서로 다른 양조 기법을 쓰고 일부는 탱크에서 신선함을 더하고 일부는 복합미를 더하려고 배럴에서 숙성한다. 블렌딩하는 사람의 기술이 와인 생산자의 기술만큼이나 중요하다.

관련 주제

다음 페이지를 참고하라
앙리 자이에 22쪽
발효 32쪽
미셸 롤랑 50쪽

30초 저자

데이빗 버드 MW

와인을 발효하고 숙성할 통을 선택하는 일은 사용할 재료(미국이나 유럽의 오크, 스테인리스스틸, 유리 혹은 놀랍게도 콘크리트까지)가 와인의 풍미에 영향을 미치므로 의견이 분분하다.

밀봉

30초 핵심정보

고품질의 자연산 코르크를 이상적인 밀봉 재료로 여기는 건 입구를 완전히 봉쇄하면서도 쉽게 딸 수 있는 특성이 있어서다. 또한 적정 산소가 코르크를 통해 투과할 수 있기에 병 안에서 와인이 제대로 숙성할 수 있도록 도와준다. 자연산 코르크를 쓰면 간혹 와인에 퀴퀴한 냄새가 배기도 하는데 이것을 '상한 코르크'라고 부른다. 코르크를 만드는 데 사용하는 껍질이 냄새의 원인인 미생물을 전달하기도 하지만 코르크 자체보다 다른 요인에서 비롯된 경우도 있다. 퀴퀴한 냄새가 나지 않는 플라스틱 스토퍼가 시중에 나온 적도 있으나 산소 유입을 막는 효과가 떨어졌다. 이후 산소를 완전히 차단하는 스크류 캡이 인기를 끌었지만 싸구려 마감을 한 것 같은 이미지 때문에 여전히 고객들에게 인정받지 못하고 있다. 게다가 캡이 산소를 과하게 막는다는 사실을 알고 제조사들은 산소 투과량을 조절하는 스크류 캡을 다시 만들어야 했다. 결국 상황은 원점으로 돌아왔다. 병이 전하는 메시지는 분명하다. 와인이 자연스럽게 흐르는 것만큼이나 밀봉은 중요하다.

3초 맛보기 정보
수백 년 동안 코르크는 와인을 제대로 밀봉하는 용도였지만 간혹 불쾌한 실패를 저질러 코르크맛 와인을 만들기도 했다.

3분 심층정보
밀봉은 상한 코르크와 산소투과율을 고려해보면 와인 과학자들에게는 성배와 같다. 차세대 와인 생산자들은 다양한 밀봉 재료를 선택할 수 있었다. 여러 강도의 자연산 오크, 디카페인 커피를 만드는 과정에서 나온 기성 코르크, 다양한 디자인의 플라스틱 스토퍼, 유리 스토퍼, 스크류 캡 등이다. 궁극적으로 소비자에게 이익을 주는 경쟁이 심해졌다.

관련 주제
다음 페이지를 참고하라
엘르바주 46쪽
테이스팅하는 법 146쪽

30초 저자
데이빗 버드 MW

제대로 된 스토퍼로 밀봉해 와인 생산자의 의도를 고스란히 전달할 수 없다면 아무리 근사한 병에 든 와인이라도 마실 것이 못 된다.

CHAMPAG
Stags'

1947년 12월 24일
프랑스 리부르느(Libourne)에서 출생

1965
보르도에 위치한 라 투르 블랑쉐 포도 재배와 양조학교(La Tour Blanche Viticultural and Oenology School) 입학

1969~71
보르도의 포도주 양조협회에서 '근대 포도주 양조학의 선조'라 불리는 에밀 페노(Emile Peynaud) 교수의 가르침을 받음

1973
리부르느의 슈브리에 포도주 양조 연구소(Chevrier Laboratory of Oenology) 매입. 이내 단독 소유주가 됨

1979
아버지 세르지(Serge)의 작고로 샤토 르 봉 파스퇴르(Château Le Bon Pasteur)를 물려받음

1986
로버트 파커(Robert Parker)의 소개로 캘리포니아의 시미 와이너리(Simi Winery)로 국제 컨설팅 시작

1988
아르헨티나에서 첫 고객으로 카파자테(Cafayate), 산 페드로 데 야코츄야(San Pedro de Yacochuya)의 에트차르트(Etchart) 가문을 받음

1992
샤토 라 그랑 클로트(Château La Grande Clotte)의 상테밀리옹 토양에서 근대 최초로 화이트 와인 제조

1997
리부르느에서 포므롤(Pomerol) 카튀소(Catusseau)의 더 큰 부지로 이전

1998
보르도 와인 파트너들과 함께 아르헨티나에서 엘 그루포 드 로스 시에테(El Grupo de los Siete)라는 개인 프로젝트 착수

2001
동료 전문가인 자크(Jacques)와 프랑수아 뤼통(François Lurton)과 함께 스페인 토로(Toro)에 캄포 엘리세오(Campo Eliseo) 설립

2004
와인 스타일의 세계화에 끼치는 그의 영향력을 다루어 황금 종려상 후보에 오른 다큐멘터리 <몬도비노(Mondovino)>를 비난함

2007
완전 소유한 부지와 합작투자로 더 롤랑 컬렉션 와인 출시

2013
와인에 가장 큰 영향력을 행사한 7인 중 1명으로 2013 〈디켄터〉 파워 리스트에 오름

2013
가문 소유의 샤토 르 봉 파스퇴르를 중국 사업가 판선통(Pan Sutong)에게 미공개 금액에 넘김

미셸 롤랑

보르도를 기반으로 삼아 전 세계로 활동무대를 넓힌 미셸 롤랑은 세상에서 가장 영향력이 큰 포도주 양조학자이자 논란이 많은 유명 인사다. 그는 자신의 지방에서 훌륭한 레드 와인이 많이 만들어지도록 이끈 핵심 인물로 세계적으로 경쟁력을 높이고자 안정적인 포도 숙성도와 한층 풍부하고 오크 향이 감도는 스타일을 추구했다.

일부 지역의 비난을 받았지만 그를 찾는 수요가 엄청나 15개국 100곳이 넘는 주요 와인 산지에서 컨설팅을 의뢰했다. 그중에는 생테밀리옹의 저명한 샤토 오존(Château Ausone), 페삭 레오냥(Pessac-Léognan)의 파프 클레망(Pape Clément), 포이악을 생산하는 퐁테 카네(Pontet-Cane), 이탈리아의 수퍼 토스카나 중 하나인 오르넬라이아(Ornellaia)도 속했다. 그는 할렌(Harlan)과 슬로안 루더퍼드(Sloane Rutherford)를 포함한 캘리포니아의 여러 유명 산지를 비롯해 불가리아, 그리스, 인도, 브라질까지 영역을 확장했다. 현재 롤랑은 자신의 와이너리를 보유하고 있으며 지역적으로 다양한, 열 곳의 와이너리에 관심을 두는 중이다.

포므롤 지역에 가족이 소유한 샤토 르 봉 파스퇴르에서 자랐고 1971년 보르도의 포도주 양조학교를 졸업한 뒤 처음으로 양조학자인 아내 데니(Dany)와 함께 본가의 업무에 참여했으며, 이후 리부르느의 슈브리에 연구소를 매입했다. 1970년대 뻔한 빈티지 와인에 실망한 그는 포도밭을 건강하게 유지하는 데 세심한 주의를 기울이고 저장소의 위생 상태를 잘 살피면 몇 년 안에 와인의 품질을 개선할 수 있다는 믿음을 전파하기 시작했다. 대부분의 양조학자는 각자의 연구소에 남았지만 그는 정기적으로 고객을 방문해 기준을 높이도록 설득했다.

1980년대 말, 그는 현재 널리 인정받고 있는 실천 방식의 상당수를 처음 시행했다. 그린 하비스팅, 잎사귀 솎아내기, 레이트 하비스팅 등 당도를 최적으로 집약하고 잘 익은 과실을 따는 방식이다. 저장소에 흠잡을 데 없는 위생 기준을 강조했고 새 오크의 이점을 널리 알리고 조화와 복합적인 퀴베를 혼합하는 능력으로 명성을 얻었다.

일부 비평가들은 그의 와인이 뛰어나지만 전반적으로 동일하다고 주장했는데 로버트 파커는 이 주장이 '터무니없다'고 일축했다. 초창기에 스스로 슈발 블랑 1947(Cheval Blanc 1947)과 라투르 61(Latour '61)처럼 선호하는 와인 스타일이 있다고 인정했지만 그는 단호하게 자신의 목적은 사방에서 1등급을 생산하는 것도, 전 세계에서 동일한 와인을 만드는 것도 아닌 각 와인이 가진 테루아의 잠재력을 완전히 끌어내는 것이라고 언급했다.

전통 포도 품종과 와인

전통 포도 품종과 와인 용어

1855 분류법 1855 Classification 1855년 파리 전시회에 출품한 보르도 최고의 와인 등급표. 이 분류에 따른 등급이 수십 년간 시장 평균 가격을 형성하는 토대가 되었고 메독의 레드 와인과 소테른-바르삭(Barsac)의 스위트 와인도 포함한다. 지리적 예외로 그라브(Graves) 지역의 샤토 오 브리옹(Château Haut-Brion)만 프리미에 크뤼 클라세(1등급)로 분류한다. 1855 분류법은 150년 넘게 이어져 왔으나 1973년 샤토 무통 로쉴드(Château Mouton Rothschild)의 바롱 필립 드 로쉴드가 로비해 당시 농림부 장관이던 자크 시라크(Jacques Chirac)의 서명 승인을 받음으로써 1등급으로 상향조정 되었다.

국제 품종 international varieties 유럽의 전통 와인 생산지에서 가져와 현재 전 세계에서 재배 중인 포도 품종을 일컫는다. 최상급 품종을 노블 그레이프라고 부르는 경우도 있다. 레드 와인에는 카베르네 소비뇽(Cabernet Sauvignon), 메를로(Merlot), 피노 누아, 시라/시라즈(Syrah/Shiraz)가 속한다. 화이트 와인으로는 리슬링, 샤르도네, 세미옹, 쇼비뇽 블랑, 슈냉 블랑(Chenin Blanc)이 있다.

균형미 balance 와인의 풍미와 질감의 전반적인 조화를 지칭하는 용어. 스위트 와인은 잘 익은 포도가 들어가 산도가 잘 맞고 타닌이 제대로 배어든 붉은 빛이 감돌아야 균형미가 좋다고 말할 수 있다. 알코올 도수가 과하게 높거나 산미가 강하거나 이 중 한 요소가 두드러질 경우 균형미가 없는 와인이다.

그린 green 설익은 포도로 만들어 좋지 못한 특성을 지닌 와인을 설명할 때 쓰는 용어. 화이트 와인의 경우 엄청나게 시큼한 맛을 의미한다. 레드 와인의 경우 포도의 맛이 떨어지거나 쓴 타닌으로 균형미가 깨어진 상태를 말한다.

노블 그레이프 noble grapes 국제 품종 참고

리스 lees 발효를 끝낸 이스트와 다른 잔여물로 이루어진 침전물이나 덩어리. 일반적으로 새로 만든 와인은 침전물이 가라앉을 때까지 놔둔 다음 깨끗한 용기로 가라앉은 리스를 걸어낸다. 리스를 오래 방치한 와인은 '이스트'의 풍미가 더해지며 뮈스카데 쉬르 리가 대표적이다.

말로랙틱 발효 malolactic fermentation 알코올 발효 이후 일어나는 2차 발효를 지칭하는 용어. 유산균이 와인의 거친 사과산을 부드러운 젖산과 이산화탄소라는 부산물로 만든다. 레드 와인과 일부 화이트 와인을 만들 때 권장하는 방식이다. 와인의 신선함, 자연 산미가 떨어지는 지역의 경우 말로랙틱 발효를 지양하는 편이다.

메독 The Médoc 보르도에서 가장 잘 알려진 와인 지역으로 지롱드 주 서쪽 보르도 시 북부까지 걸쳐 있다. 보르도의 '좌안'으로 주로 불리며 가장 유명한 여덟 아펠라시옹인 마고(Margaux)의 오메독(Haut-Medoc) 공동체, 생 쥘리앙(St-Julien), 포이악, 생 테스테프(St-Estèphe)이 속한다. 지금도 유효하게 쓰이는 1855 분류법 공식 등급에 오른 최초의 보르도 지방이다.

배럴 발효 barrel fermentation 알코올 발효 과정으로서 일반적으로 저장소의 온도에 맞춰 작은 오크 통에서 발효한다. 와인을 새 배럴(보통 225리터 용량)에서 발효하면 새 오크에서 숙성한 와인보다 오크 풍미가 더 잘 결합한다.

백본 backbone 와인 전문가들이 레드 와인이 가진 타닌의 구조(혹은 '그립')를 설명할 때 즐겨 쓰는 용어. 포도는 간혹 '살(flesh)'이라고 표현하기도 한다.

보데가 bodega 와이너리, 저장창고, 혹은 와인 회사를 지칭하는 스페인용어.

보트리티스 시네레아 Botrytis cinerea 귀부(프랑스어로 푸리튀르 노블)로도 알려진 이로운 곰팡이. 잘 익은 포도의 수분기를 빼 쪼그라들게 만들어 당분과 다른 요소를 집약시킨다. 귀부 작용에 들어간 포도는 소테른이나 베렌아우스레제와 같은 스위트 와인을 만들 때 쓴다. 보트리티스는 가을에 날씨 조건이 맞으면 특정 포도밭에서 자연스럽게 생겨난다. 뉴월드에서는 주로 디저트 와인을 생산하는 포도밭만이 귀부에 적합하다고 한정한다.

아로마틱 와인 aromatic wine 확실한 향기가 있는 포도 품종을 하나 이상 섞어 만든 와인. 뮈스카, 리슬링, 게뷔르츠트라미너(Gewurztraminer), 소비뇽 블랑, 비오니에(Viognier) 등이 속한다. 허브, 향신료나 다른 첨가제를 넣어 만든 혼성 와인과 혼동하지 않도록 하자(다만 한국에서는 아로마틱 와인과 혼성 와인을 같은 의미로 쓰고 있다). 그리스 와인인 레치나(retsina)는 수지 향을 입혔다.

코트도르 Côte d'Or 프랑스의 행정구역. 부르고뉴 와인 생산 중심지로 코트 드 본(Côte de Beaune)과 코트 드 뉘(Côte de Nuits)를 포함한다. 주도는 본(Beaune)이다.

샤르도네와 르 몽라쉐

30초 핵심정보

샤르도네는 완벽한 정치인이다. 능숙하게 여러 가지 얼굴을 보이고 지지층에 맞게 지속적으로 플랫폼을 바꿔 상큼한 풋사과부터 부드러운 파인애플에 이르기까지 다양한 맛을 낸다. 샤르도네의 확실한 고향은 부르고뉴로, 존경받는 르 몽라쉐나 한층 인기 높은 뫼르소와 같이 유명 포도밭 이름이 병 아래 붙는다. 샤르도네의 보수성을 제대로 볼 수 있는 곳이 바로 부르고뉴의 추운 북부지방인 샤블리다. 이곳의 와인은 신선하고 활기 넘치면서도 타협하지 않는 엄격함을 자랑한다. 샤르도네는 또한 세계 최고의 스파클링 와인의 핵심 요소로, 유명한 샹파뉴 지방의 돔 페리뇽은 샤르도네 덕분에 우아함과 피네스(뛰어나게 우아한 향을 가진 와인을 찬미하는 프랑스어)를 얻는다. '와인 생산자의 포도'라는 별명이 붙은 샤르도네의 일반 과실은 배럴 발효, 리스 콘택트, 말로랙틱 발효나 오크 숙성과 같은 기법에 따라 꾸준이 다른 반응을 낸다. 1980년대와 1990년대는 흥겨운 혁명의 시대다. 뉴 월드의 와인 생산자들이 자유롭게 모든 기법을 활용하고 미사여구로 무장해 경쟁에서 이겼다. 건전한 정치 체계와 마찬가지로 샤르도네에 대한 수많은 반대와 반응이 활기를 띠고 있고, 특히 비 산림지대 샤르도네가 다크호스로 등장해서 호주 서부지역이 주목받고 있다.

3초 맛보기 정보

샤르도네는 세상에서 가장 우아하고 사랑받는 와인을 만들어내지만 인기 때문에 고역을 겪기도 한다.

3분 심층정보

'그레이트 화이트'라고 칭하기도 하는 샤르도네는 르 몽라쉐라는 부르고뉴의 작은 지역 포도로 생산한 1~2000개의 와인으로 정상에 올랐다. 이 유명한 언덕은 이상적인 테루아다. 미네랄이 풍부한 하층토, 완벽한 배수와 그늘, 남쪽을 보고 있어 일조량이 풍부하다. 덕분에 지구에서 가장 복합적이고 비싼 드라이 화이트 와인이 탄생했다.

관련 주제

다음 페이지를 참고하라
샴페인 제조법 40쪽
중세 수도사들 82쪽
파리의 평가 92쪽
부르고뉴 102쪽

30초 저자

데브라 메이버그 MW

모든 백포도 품종 중 가장 보편적인 샤르도네를 생산하지 않는 와인 생산 국가를 찾는 것은 거의 불가능하다.

리슬링과 샤츠호프베르거

30초 핵심정보

지방의 특색을 반영하고 근사한 형태와 깔끔함을 자랑하고 싶을 때 더없이 훌륭한 포도가 리슬링이다. 향이 가장 훌륭한 백포도로서 복숭아, 살구, 시트러스, 꿀, 허브, 간혹 놀랍게도 근사한 페트롤(petrol) 향이 들어가 뛰어난 산미로 완벽한 균형을 맞춘다. 리슬링은 독일 주요 포도 품종이며 유명 포도밭은 모젤 지방의 샤츠호프베르거로 수요가 세계 최고인 와인을 생산한다. 1797년, 아찔한 점판암 언덕을 현 소유주인 에곤 뮐러 4세의 선조가 구입했고 당시 그곳 와인은 이미 균형미가 엄청났다. 우아하면서도 역설적으로 강렬하며 근사한 미네랄 백본을 가졌기에 수십 년간 발전을 거듭해왔다. 샤츠호프베르거 오슬리즌은 상당히 달고 잘 익은 과일 맛이 일품이다. 언 리슬링 포도로 만든 아이스바인과 보트리스의 영향을 받은 베레나우스레제(줄여서 BA), 트로켄베레나우스레제(줄여서 TBA)는 기적적으로 동일한 강렬함과 복합미를 가지고 있어 다 자란 어른이라도 황홀함에 눈물짓게 할 정도다. 뮐러의 리슬링은 없어서는 안 될 존재로 여겨진다. 그 예로 J.J. 프룸처럼 독일의 일부 지역에서도 뛰어난 와인을 생산한다. 알자스 인근 지방과 오스트리아, 호주와 미국에서 리슬링은 주로 드라이 와인으로 탄생한다.

3초 맛보기 정보

포도 품종의 신전에서 카베르네 소비뇽이 왕이라면 당연히 왕비는 리슬링이다.

3분 심층정보

에곤 뮐러 4세의 와인 가격은 천정부지로 치솟았다. 2011년 경매에서 1999 TBA 18병이 병당 5300유로에 팔리는 기록을 세웠다. 더 최근에는 반병이 2400유로에 팔렸다. 이 와인은 올리브오일과 점성이 비슷하고 실제로 몇 분간 혀끝에 여운이 맴돈다. 그래서 한번 맛보면 절대 잊을 수 없다. 리슬링과 같은 부류에는 라인 리슬링, 요하네스버그 리슬링, 바이저 리슬링이 있다. 벨쉬리슬링(Welschriesling)과 혼동하지 않도록 주의하자. 이건 리슬링이 아닐뿐더러 스노든 산의 점판암 언덕에서 자란 포도도 아니니 말이다.

관련 주제

다음 페이지를 참고하라
테루아 16쪽
화이트 와인 제조법 36쪽
스위트 와인 42쪽

3초 인물

나폴레옹 보나파르트
(1769~1821)
독일 최고의 포도밭 상당수를 세속화한 프랑스 황제

카타리나 타니쉬(1865~1924)
1921년 모젤의 첫 TBA를 만든 독일 미망인

30초 저자

마틴 캠피언

대체적으로 독일의 리슬링은 수확한 포도의 숙성도에 따라 등급을 나눈다. 가장 빨리 수확한 카비넷부터 늦게 수확해 디저트 와인같이 달콤한 트로켄베렌아우스레제까지 말이다.

소비뇽 블랑과 푸이 퓌메

30초 핵심정보

루아르 강줄기가 구불구불 가로지르는, 녹음이 우거지고 16세기 성이 듬성듬성 자리한 프랑스 북서부가 선명한 녹색을 띠는 포도 품종의 전통 산지다. 루아르 최고의 소비뇽 블랑을 생산하는 지구는 상세르와 푸이 퓌메로 지명을 라벨에 자랑스럽게 표기했다. 보르도에서도 소비뇽을 오래전부터 생산했지만 최근에야 일부 생산자들이 진지하게 고려하는 중이다. 페삭 레오냥은 소비뇽 블랑 포도를 발효하고 오크 배럴에 숙성해 세계적으로 인정 받았다. 상세르와 푸이 퓌메가 오랫동안 유럽을 쥐고 흔들었다면 소비뇽 블랑을 세계 지도에 올려놓은 건 뉴질랜드다. 뉴질랜드 소비뇽 블랑은 생동감 넘치는 구아바, 패션프루트, 키위, 구스베리의 풍미에 허브와 싱그러운 풀 향기, 상쾌한 산미가 느껴진다. 풋내나는 포도 같은 이 맛을 환영하는 국가도 몇몇 있다(소비뇽은 프랑스어로 '야생'이라는 의미의 소바주에서 유래했다). 남아프리카는 뉴질랜드와 칠레산 와인의 풋내를 크게 없앤 소비뇽으로 이름을 떨친다. 햇살 좋은 케이프타운에서 몸을 녹인 포도는 열대과일의 뉘앙스와 캘리포니아와 유일하게 맞먹을 만하게 높은 알코올 도수를 자랑하는 풀 피겨(full-figured) 와인을 생산한다.

3초 맛보기 정보

강렬하고 생기 넘치고 상쾌하다는 수식어는 결코 길들일 수 없는 소비뇽 블랑의 특성을 잘 알려준다.

3분 심층정보

1980년대 중반 뉴질랜드 와이너리는 클라우디 베이처럼 루아르계곡을 깜짝 놀라게 할 재치 있는 와인을 생산했다. 그러나 개성 강한 프랑스의 와인 생산자 디디에 다그노가 상세르와 푸이 퓌메의 점판암 토양에서 소량 생산해 배럴에 발효한 소비뇽 블랑의 정석을 내놓으며 대중의 기대치를 한층 높였다. 그로 인해 세계는 다시금 두 스타일로 나뉘었다. 배럴에 발효한 소비뇽을 사랑하는 쪽과 야생의 허브와 과일 맛을 선호하는 쪽으로 말이다.

관련 주제

다음 페이지를 참고하라
보르도 100쪽
말보로 112쪽

3초 인물

디디에 다그노(1956~2008)
루아르 계곡에서 소비뇽 블랑의 전형을 보여준 프랑스 와인 생산자

30초 저자

데브라 메이버그 MW

조생한 아로마틱 소비뇽은 프랑스 루아르 위쪽 지방 백포도를 쓰는데 뉴질랜드산도 같은 품종으로 봐도 된다.

카베르네 소비뇽과 샤토 라투르

30초 핵심정보

왕좌를 차지하는 건 쉬운 일이 아니다.
카베르네 소비뇽은 세계적 과찬이라는 왕관의 무게를 견뎌야 했지만 다른 성공한 군주들처럼 영향력 있는 귀족층인 메를로와 카베르네 프랑의 지원을 받았다. 색이 진한 카베르네 소비뇽은 미디엄부터 풀바디까지 다양하며 화려한 레드와 블랙커런트의 맛에 따뜻한 향신료, 담배, 흑연, 가죽의 풍미가 감돈다. 포도가 잘 익을 만큼 충분히 따뜻한 대부분의 와인 산지라면 카베르네 소비뇽을 소량이라도 생산할 수 있으나 권력의 자리는 늘 보르도의 좌안이 차지하는데 이 지역 포도로 상큼한 산미와 응집되고 가지런한 타닌이 강점인 와인을 생산하기 때문이다. 서늘한 기후에선 과실이 제대로 익지 않아 풋내와 잡초향과 상당히 톡 쏘는 타닌 맛을 지니지만 따뜻한 지역인 호주, 캘리포니아, 칠레, 남아프리카에서는 블랙베리, 오디, 자두의 맛이 튀어나온다. 카베르네 소비뇽은 또한 세계에서 가장 인기가 높은 블랜딩 파트너로서 산지오베제, 시라즈, 템프라니요 같은 품종의 백본 역할을 담당한다. 카베르네는 오리 구이, 그릴드 스테이크나 뼈가 붙은 양갈비 등 지방이 많은 육고기와 찰떡 조합을 이루기에 디너 테이블에서 늘 최고 대접을 받는다.

3초 맛보기 정보
우아함과 긴 여운으로 유명한 카베르네 소비뇽은 타닌의 까탈스러움을 메를로와 카베르네 프랑의 혼합으로 한층 부드럽게 감싸 자두 맛을 느끼게 해줌으로써 해결한다.

3분 심층정보
와인 감정가들의 열렬한 수집 대상인 카베르네 소비뇽은 세상에서 가장 오래 와인을 생산해온 보르도 지역에서 정점을 이룬다. 1855년 등급제 당시 샤토 라투르는 보르도의 메독 지역 최상급 와인으로 평가받았고 지금도 마찬가지다. 젊음의 패기와 소박함이 매력적인 이 클래식 보르도 와인의 상징은 애호가들의 열렬한 지지를 얻고 있다.

관련 주제
다음 페이지를 참고하라
주요 와인 산지로 부상한 보르도 84쪽
아펠라시옹의 시작 90쪽
보르도 100쪽
와인 투자 136쪽

3초 인물
프랑수아 피노(1936~)
샤토 라투르의 현 소유주인 프랑스 사업가이자 예술품 수집가

30초 저자
데브라 메이버그 MW

보르도에서 가장 유명한 적포도 품종인 카베르네 소비뇽은 바로사부터 베이징, 칠레부터 캐나다까지 세계 전역에서 생산한다.

PREMIUM

피노 누아와 라 로마네 콩티

30초 핵심정보

네글리제(레이스와 프릴이 달린 속이 비치는 여성 실내복)처럼 순결한 피노 누아는 레드 와인으로 만들면 거의 연한 루비 빛을 띤다. 와인 잔을 통해 데이트 상대의 얼굴이 보인다면 확실히 피노 누아를 마시고 있는 거다. 와인 용어로 밝은 색은 가벼운 바디감과 동일한 의미고 그 가벼움은 피노 누아를 다채로운 음식과 잘 어울리게 해준다. 딸기, 붉은 체리, 라즈베리의 섬세한 향을 풍기는 피노 누아는 오크에서 숙성하지만 결코 오크의 풍미가 과일을 압도하지 않는다. 흑포도 특유의 고귀함, 색, 아로마, 질감은 포도밭의 기후와 토양에 크게 영향을 받기에 생산 지역에 따라 결과물이 다양하다. 고대 와인 생산지인 부르고뉴가 피노의 왕좌로 불리는 건 서늘한 봄과 따뜻한 여름이 까다로운 피노 누아 재배에 완벽한 조건을 제공해주어서다. 수백 년간 부르고뉴의 코트도르에서 주류를 차지하며 유명한 샹파뉴 지역의 백본 역할도 했다. 이곳에서 흑포도를 수확하고 곧장 으깨서 즙을 내 외피를 벗겨 색을 깔끔하게 만든 화이트 와인이 바로 블랑 드 누아(Blanc de Noirs)다.

3초 맛보기 정보
부드러운 붉은 과일, 매끄러운 질감과 섬세한 제비꽃, 가을 낙엽 혹은 가죽의 뉘앙스를 풍기는 피노 누아는 정말로 관능적이다.

3분 심층정보
열정 넘치는 피노 누아 생산자들은 이 와인의 성배를 찾고자 전 세계를 종횡무진한다. 뉴질랜드, 미국, 호주의 서늘한 기후 지역에서 숭고한 표본을 생산하지만 가장 신성한 피노 누아는 도멘 드 라 로마네 콩티(줄여서 DRC)가 소유한, 부르고뉴의 몇만 제곱미터가 채 안 되는 작은 땅에서 나온다. 가장 귀중한 포도밭인 라 로마네 콩티에서 자란 포도는 모든 피노를 통틀어 최고로 정교한 향과 질감을 지녔다. 또한 지구상에서 가장 비싼 레드 와인이기도 하다.

관련 주제
다음 페이지를 참고하라
중세 수도사들 82쪽
아펠라시옹의 시작 90쪽
부르고뉴 102쪽
생산자 126쪽

3초 인물
오베르 드 빌렌(1940~)
도멘 드 라 로마네 콩티의 프랑스인 공동 소유주이자 공동 대표

30초 저자
데브라 메이버그 MW

껍질이 얇고 변덕스러운 피노 누아는 진정한 레드 버건디의 탁월한 품질에 매료된 전 세계 레드 와인 생산자를 유혹하는 포도다.

시라/시라즈와 에르미타주

30초 핵심정보

프랑스 북부 론 밸리는 원래 호주인들이 채택한 흑포도를 심고 영리한 마케팅을 펼쳐 백 년 전 '시라즈'로 불리던 상등급의 시라를 벤치마킹하려고 했다. 이곳의 와인은 원래의 론 밸리 스타일과는 차원이 다르다. 호주산 시라즈는 과일 맛에 꼬리를 흔드는 강아지 같은 친근함이 있다. 그러나 프랑스에서 재배한 시라즈는 더 차분하고 한 방울까지 성스럽다. 론 북부는 시라즈의 영적 고향으로 120만 제곱미터의 에르미타주가 최고의 아펠라시옹으로 손꼽힌다. 이 와인은 거의 불사 수준으로 날렵하고 단단하면서도 훈제한 고기, 가죽, 레드 베리의 향기와 살짝 블랙 트러플의 풍미도 감돈다. 이보다 하위 등급의 시라즈는 호주의 플래그십 품종으로 진하고 쌉싸름하며 제비꽃과 야생 블랙 프루트의 향기가 있다. 따뜻한 바로사 밸리, 에덴 밸리, 맥라렌 베일, 클레어 밸리에서 생산한 거칠고 진한 와인이 표준이 되고 있다. 서늘한 호주 지역 포도는 은은한 붉은 과일의 가벼움이 짭짤한 말린 허브와 맵싹한 향을 일깨운다. 이 진한 보랏빛 품종과 사랑에 빠진 칠레, 아르헨티나, 남아프리카, 뉴질랜드와 미국 등 다른 와인 생산국도 이 명칭을 가져다 쓴다. '시라'라고 와인 라벨을 붙이는 곳이 늘어나고 있지만 간혹 깔끔하고 과일 향이 나는 고급 와인이 생산되면 아쿠브라 모자(호주를 대표하는 챙 모자)를 쓴 와인 생산자는 이를 '시라즈'라고 부른다.

3초 맛보기 정보

동시에 두 가지 역할을 하는 품종은 그리 많지 않다. 이름이 두 개인 것도 말이다. 그러나 전능한 시라는 그냥 평범한 품종이 아니기에 가능하다.

3분 심층정보

특이하게도 최우수 생산자들은 진하고 어두운 보랏빛 시라 발효 탱크에 비오니에(Viognier) 백포도 한 움큼을 집어넣는다. 그들은 비오니에가 시라를 부드럽게 만들어 복합미를 높인다고 주장한다. 그런데 호주 대표 와인 생산자인 펜폴즈 그랜지는 카베르네 소비뇽으로 시라즈에 특성을 더한다. 호주에서 가장 수집 욕구를 강하게 불러일으키는 '1등급' 와인인 펜폴즈 그랜지는 호주 남부 포도밭에서 자란 품종을 쓰고 수십 년간 보존할 수 있다.

관련 주제

다음 페이지를 참고하라
지역 포도 품종과 와인 스타일 74쪽
바로사 밸리 114쪽
와인 투자 136쪽

3초 인물

맥스 슈베르트(1915~1994)
펜폴즈 그랜지
에르미타주를 만들어 낸 호주 와인 생산자

30초 저자

데브라 메이버그 MW

위도에 따라 시라 혹은 시라즈로 부르는 이 포도로 세상에서 가장 진한 색조와 풀바디를 느낄 수 있는 레드 와인을 생산한다.

1948년 1월
영국 웨일스 출생

1953
부모님과 캐나다로 이민

1959
부모님과 캘리포니아로 이주

1977
캘리포니아 대학교 데이비스 캠퍼스(University of California, Davis)에서 유전학으로 박사학위 획득

1977~1978
미시간 립 대학교(Michigan State University) 농공학부에서 박사 후 선임 연구원으로 근무

1978~1980
캘리포니아 리치먼드(Richmond)에 위치한 스타우퍼 화학(Stauffer Chemical Co.)에서 생물학 연구원으로 근무

1980
캘리포니아 대학교 데이비스 캠퍼스의 포도 재배와 양조학부 조교수 겸 연구원으로 근무

1986
나파 비더 산(Mount Veeder)에 부동산 구입 후 남편 스티븐 라지에(Stephen Lagier)와 이주. 캘리포니아 대학교 데이비스 캠퍼스로 통근

1990
미국과학진흥협회(AAAS)에 정식 회원으로 이름을 올림

1994
나파 라지에 메레디스 포도밭에 첫 삽을 뜸

1998
라지에 메레디스 포도밭에서 처음으로 상업 와인을 생산

2000
프랑스 정부로부터 농업 훈장 수상

2003
캘리포니아 대학교 데이비스 캠퍼스에서 퇴직

2009
나파 밸리의 '캘리포니아 와인 상인 명예의 전당'에 오름

캐롤 P. 메레디스

캐롤 메레디스는 미국 포도 유전학자이자 캘리포니아 대학교 데이비스 캠퍼스의 포도 재배와 양조학부의 명예교수다. 그녀는 유전공학과 유전체 지도 작성을 포함한 유전학적인 측면에서 포도덩굴을 다각도로 살피며 연구 경력을 쌓았다. 카베르네 소비뇽, 샤르도네, 시라와 진판델(Zinfandel) 등 100년 이상 추측만 해오던 중요한 여러 포도 품종의 역사와 원산지를 발견하는 공을 세웠다.

전통적으로 포도덩굴의 식별과 분류는 포도 품종학으로 알려진 식물학 분야에 속해왔다. 포도 잎사귀, 열매, 구성요소의 형태와 색상을 비교하는 부분도 마찬가지다. 그러다 1990년대 이후 포도 연구는 DNA 감식(혹은 DNA 지문 분석) 덕분에 진화를 거듭했고 메레디스와 그녀의 연구팀이 전 세계적으로 이 분야를 선도해나갔다. 포도의 순과 잎사귀에서 DNA를 추출하고 조작해 그녀는 개별 품종이 지닌 특별한 패턴을 식별했다.

초창기 발전 이후 메레디스는 다국적 유전학 협동조합(국제 포도 속 미소부수체 컨소시엄)을 구성, 연구진이 어디서든 자신이 발견한 포도덩굴의 DNA를 직접 표시할 수 있도록 했다. 덕분에 포도 품종, 원산지, 상호 연관성에 대한 지식이 폭발적으로 증가했다.

캘리포니아의 진판델과 이탈리아 남부의 프리미티보(Primitivo)가 동일한 품종이라는 걸 확인해준 장본인이 바로 메레디스다. 2000년에 자그레브 대학교 연구진과 협업하면서 그녀는 이 포도가 거의 멸종된 크로아티아 품종인 크르례낙 카쉬텔란스키(Crljenak Kaštelanski)와 동일하다는 점도 밝혀냈다.

1997년 동료 교수 J.E. 보워스(J.E. Bowers)와 함께 카베르네 소비뇽이 카베르네 프랑과 소비뇽 블랑의 혼종이라는 사실을 밝혀냈다. 뒤이어 피노 누아가 최소 16개의 유명 포도 품종의 부모뻘이라는 점도 드러났다. 그 후손으로 샤르도네, 보졸레 가메(Gamay), 뮈스카데의 믈롱 드 부르고뉴(Melon de Bourgogne) 등이 있다. 1999년 권위 있는 저널 <사이언스>지를 통해 이 사실을 발표하면서 그 중요성이 과학 업계 전반에 큰 영향을 미쳤다.

열렬한 애호가들에게 와인의 역사에 대한 흥미를 불러일으킴과 더불어 메레디스의 선구적인 업적은 포도 품종 보존과 포도 간 유전적 근친교배를 피하는 실용적인 측면에도 적용됐다. 덕분에 생산자들은 병충해와 불리한 기후 조건까지 견디는 새로운 품종을 개발하려는 의지를 키울 수 있었다.

2003년 교수직에서 물러난 뒤로 그녀는 나파 밸리 비더 산에 자리한 자신의 와인 농가에서 남편 스티븐 라지에와 많은 시간을 보내는 중이다.

템프라니요와 리베라 델 두에로

30초 핵심정보

조생 포도인 템프라니요는 스페인어로 '이르다'는 뜻인 템프라노에서 따왔다. 이 와인은 붉은 과일 맛과 부드러운 타닌이 조화를 이루어 피노누아와 비슷하지만 연하고 은은한 산미가 특징이다. 스페인과 떼려야 뗄 수 없는 템프라니요는 스페인 어디서든 볼 수 있어 이 포도덩굴이 자리지 않는 지역을 찾기가 매우 어려울 정도다. 북부 요충지 중에서는 리오하와 리베라 델 두에로가 두드러진다. 두 곳 다 오래 보관할 수 있는 고품질의 템프라니요를 생산한다. 리오하는 스페인에서 가장 잘 알려진 레드 와인 공급처로 템프라니요가 주를 이루며 일반적으로 다른 두 품종인 그르나슈와 카리냥을 섞어 가벼운 바디감을 선사하기 때문에 리베라 델 두에로의 한층 강렬하고 진하며 타닌이 우러나는 맛과 대조를 이룬다. 리베라와 더불어 최고로 인정받는 와인은 카베르네 소비뇽을 백본으로 쓴 매혹적인 템프라니요인 베가 시실리아의 우니코다. 제아무리 목이 말라도 인내심을 가져야 한다. 150년 된 보데가에서 나온 이 멋지고 우아하고 향신료를 느낄 수 있는 와인은 배럴에서 최소 10년은 숙성한 뒤 병에 담았다 마셔야 하기 때문이다. 미국산 오크통에서 템프라니요를 숙성하는 스페인의 기호 덕분에 와인에 바닐라와 코코넛 향이 배어들어 스트로베리 바닐라 아이스크림을 연상케 한다. 숙성을 잘하면 한층 근사해진다. 템프라니요는 가죽과 가을 꽃다발의 복합적인 향을 풍긴다.

3초 맛보기 정보

쉽게 구할 수 있는 상업적 와인은 다양한 음식과 어울린다. 템프라니요는 스페인 포도 재배에서 보석과도 같은 존재며 호주에서 빠르게 부상하는 품종이기도 하다.

3분 심층정보

템프라니요는 M15 특수요원보다 가명이 더 많다. 스페인에서만 열다섯 가지 이름으로 불리는데 리베라 델 두에로의 틴토 피노처럼 출처가 분명한 것부터, 카탈루냐의 울 데 예브레(토끼의 눈이라는 뜻). 포트 와인은 틴타 로리즈로 불린다. 이렇듯 많은 가명이 붙은 건 하나로 명명하기 어려운 포도이기 때문일지도 모른다. 딸기, 자두, 담뱃잎과 같은 설명이 도움이 되지만 그것만으로는 한계가 있다.

관련 주제

다음 페이지를 참고하라

지역 포도 품종과 와인 스타일 74쪽

리오하 108쪽

와인 투자 136쪽

3초 인물

파블로 알바레즈

(1982년에 활동)

베가 시실리아의 겸손한 대표이자 스페인 최고의 와인으로 널리 인정받는 템프라니요 혼합 와인인 우니코의 생산자이기도 하다.

30초 저자

데브라 메이버그 MW

생동감 넘치고 짭조름한 템프라니요는 스페인 북부 지역의 영웅이었지만 지금은 전 세계 와인 시장에서 중요한 역할을 하고 있다.

네비올로와 바롤로

30초 핵심정보

쿠빌라이 칸이 원왕조를 세우기 3년 전, 작가들은 이탈리아 북부 피에몬테 지방의 네비올로 포도 품종을 일제히 칭송했다. 1268년에는 니비올이라 불렀고 이 명칭은 라틴어로 '안개' 혹은 '연무'를 의미하는 네불라에서 따왔다. 작가들 대부분이 이 품종을 '안개 포도'라고 믿었던 건 다른 레드 품종과 비교해 과실이 상당히 늦게 익기 때문인데 가을 안개가 피에몬테 언덕을 감싸고 화이트 트러플 시즌이 시작되는 9월 말 10월이 적기라서다. 색이 연한 네비올로는 자주 피노 누아와 비교되며 둘 다 지나치게 까다롭고 생산지에 민감한 품종으로 악명이 높다. 그러나 하늘의 뜻이 맞으면 만날 수 있는 네비올로의 매혹적인 향기와 천상의 우아함은 가히 독보적이다. 피노 누아와 달리 고대 산지를 벗어나 성공한 경우는 많지 않다. 캘리포니아, 호주, 칠레, 아르헨티나의 와인 생산자들이 이 포도 품종을 잘 키워보려 애썼지만 피에몬테 최고 산지인 바롤로와 바르바레스코에서 보이는 근사한 복합미와 장엄함에는 도달하지 못했다. 생산한 지 얼마 되지 않는 네비올로는 타닌과 산미가 강하지만 10년 이상 숙성하면 타닌이 옅어져 부드러운 맛을 낸다. 피에몬테의 와인 생산자 지아코모 콘테르노가 아이코닉한 바롤로를 생산해 최고의 자리에 올랐고 이 탁월한 와인은 마을에서 '왕의 와인이자, 와인의 왕'으로 대접받는다.

3초 맛보기 정보
네비올로는 체리와 자두, 아니스 열매, 말린 허브 혹은 감초, 향신료의 이국적인 배합에 송로버섯, 가죽, 타르의 흙 맛이 감돈다.

3분 심층정보
이 고대 포도 품종에 대한 피에몬테 주민들의 사랑이 매우 커 이웃 마을에서 가지를 잘라가지 못하도록 법으로 정했을 정도다. 15세기 라 모라 마을 법령집에 따르면 네비올로 포도 가지를 도둑질한 자에게는 5리라의 벌금이 부과되었다. 몇 장 더 넘겨보면 또다시 도둑질한 경우 손을 자르고, 열다섯 그루 이상을 손상시킨 씻을 수 없는 죄를 지은 자는 교수형에 처하라고 적혀 있다.

관련 주제
다음 페이지를 참고하라
토스카나 104쪽

3초 인물
지아코모 콘테르노
(1895~1971)
이탈리아 포도 재배자이자 생산자로 처음으로 바롤로를 선보인 인물 중 한 사람.

30초 저자
데브라 메이버그 MW

철저히 이탈리아적인 네비올로는 적합 산지인 피에몬테 너머에서는 찾아보기 힘들며 이 산꼭대기 산지에서 매혹적인 아로마를 가진 레드 와인 중 가장 늦게 숙성하는 일부만 소량 생산된다.

PREMIUM

지역 포도 품종과 와인 스타일

30초 핵심정보

지역 포도 품종은 역사적으로 한 장소에 뿌리를 두고 그곳의 테루아를 채택했다. 아펠라시옹 법은 어떤 품종을 심어 와인의 정체성을 보존해야 하는지 구체적으로 명시하고 있기에 헝가리의 토카이는 반드시 퍼민트 포도로 만들어야 하고 스텔렌보쉬 레드 케이프 블렌드는 항상 우수한 남아프리카의 피노타주를 넣어야 한다. 품종은 주로 와인의 무게나 스타일을 결정하지만 장소가 중요하다. 따뜻한 기후는 알코올 도수를 높인다. 일반적으로 이런 기온에서 출시한 레드 와인은 풀바디에, 묵직하고 포도가 농축돼 진한 색을 띤다. 말벡(아르헨티나), 진판델(캘리포니아), 알리아니코(이탈리아), 카르메네르(칠레), 무르베드르(남프랑스), 타나(남프랑스)가 대표적이다. 서늘한 기후에서는 가벼운 바디에 섬세한 와인이 나오는데 알파인 기슭에서 자란 코르비나와 론디넬라 포도로 만든 이탈리아의 바르돌리노가 있다. 밝은 화이트 와인은 쉽게 구입할 수 있는데 피노 그리지오(이탈리아), 슈냉 블랑(프랑스, 남아프리카), 알바리뇨(스페인), 베르델료(스페인), 토론테스(아르헨티나) 등을 들 수 있다. 미디엄한 중량감의 화이트 와인으로는 섬세한 꽃향기를 머금은 아르네이스(이탈리아), 아시리티코(그리스), 짭조름한 그뤼너 벨트리너(오스트리아)가 있다. 살구향을 풍기는 비오니에(프랑스, 뉴질랜드, 미국)는 풀바디의 백포도를 쓰지만 육중한 무게감의 최고봉은 아로마가 넘치는 게뷔르츠트라미너다.

3초 맛보기 정보
포도 품종, 지리적 위치, 알코올 도수가 스타일을 결정하는 주요 요인이나 모든 와인은 크게 라이트, 미디엄, 풀바디로 나눌 수 있다.

3분 심층정보
뚱뚱하거나 동글동글하거나 날렵하거나 우리는 모두 신체의 이미지에 집착한다. 인간과 마찬가지로 와인도 다양한 무게 혹은 스타일을 가지고 있다. 무게는 과일의 특성, 산미, 단맛을 비롯해 알코올 함량과 균형으로 결정된다. 그러나 섬세함이 제대로 드러나지 못한 와인은 빈약하다는 가혹한 평을 받는다.

관련 주제
다음 페이지를 참고하라
테루아 16쪽
아펠라시옹의 시작 90쪽
테이스팅하는 법 146쪽
와인과 음식 148쪽

30초 저자
데브라 메이버그 MW

아시리티코에서 진판델에 이르기까지 수백 개의 포도 품종을 한자리에 쭉 늘어놓아도 즐겁고 가슴 벅차지만 모든 와인은 각자의 독특한 스타일이 있다.

역사

역사
용어

1855 분류법 1855 Classification 1855년 파리 전시회에 출품한 보르도 최고의 와인 등급표. 이 분류에 따른 등급이 수십 년간 시장 평균 가격을 형성하는 토대가 되었고 메독의 레드 와인과 소테른-바르삭의 스위트 와인도 포함한다. 지리적 예외로 그라브 지역의 샤토 오 브리옹만 프리미에 크뤼 클라세(1등급)로 분류한다. 1855 분류법은 150년 넘게 이어져 왔으나 1973년 샤토 무통 로쉴드의 바롱 필립 드 로쉴드가 로비에 성공해 당시 농림부 장관이던 자크 시라크의 서명 승인을 받아 1등급으로 상향 조정 되었다.

데고르주멍 disgorgement 전통 방식으로 스파클링 와인을 생산할 때 병목에서 침전물(두 번째 발효의 잔여물)을 제거하는 과정. 수작업으로 침전물을 거두면서 어쩔 수 없이 버려지는 샴페인 일부 때문에 1816년 뵈브(미망인) 클리코(Veuve Clicquot)가 고안했다. 병이 가득 차 있지 않다는 점을 숨기고자 병목에 긴 호일 같은 상표를 붙인다. 현대식 데고르주멍은 병에 가득 채우기 전에 얼어 있는 침전물만 걷어내고자 목 부분을 얼리는 방식을 쓴다.

루트스톡 rootstock 포도의 뿌리를 접붙여 과실을 맺게 하는 방식. 현재 대부분의 루트스톡은 원시 미국 포도 품종이나 혼종으로 필록세라에 내성이 있다. 비티스 비니페라가 특히 필록세라의 공격에 민감하다. 가장 내성이 좋은 미국 포도 품종은 비티스 리파리아, 비티스 루퍼스트리스, 비티스 베를란디에리다.

르뮈아주 remuage 샴페인을 만드는 과정에서 침전물을 걸러내는 작업을 지칭하는 프랑스어. 병에 담은 뒤 주기적으로 사람의 손이나 자이로팔레트라는 기계로 흔들어 두 번째 발효 뒤 나온 리스를 병목으로 올려 데고르주멍한다.

메토드 샹프누아즈 méthode champenoise 샴페인을 만드는 복잡한 과정을 설명하는 특별한 용어. 반드시 프랑스 샹파뉴 지방에서 포도를 재배하고 와인을 생산해 병에 담는 작업까지 마쳐야 한다. 1994년, 전례 없는 유럽 법률 소송에서 다른 지역에서 나온 샴페인은 이 용어를 쓸 수 없다고 명시했다. 따라서 프랑스의 타 지역 혹은 유럽에서 같은 방식으로 만든 스파클링 와인은 일반적으로 메토드 트라디시오넬이라고 부른다.

버라이어탈 varietal 단일 포도 품종으로(혹은 지역 와인 법령에 따라 거의 100퍼센트에 육박하게) 만든 와인. 1950년대와 1960년대 초, 캘리포니아에서 비롯된 개념이나 실제로 적용된 건 로버트 몬다비 등 나파 밸리의 와인 생산자들이 카베르네 소비뇽과 샤르도네를 만들기 시작한 1970년대부터다. 버라이어탈 와인은 이내 다른 뉴 월드, 특히 호주, 뉴질랜드, 남아프리카에서 표준이 되었다. 샤블리, 부르고뉴, 샹파뉴처럼 원산지(혹은 영감을 받은 지역)의 명칭을 따서 붙인다.

블라인드 테이스팅 blind tasting 와인의 품질을 평가하는 객관적인 와인 시음 형태로 정보를 모르는 상태에서 정확한 산지를 식별하려고 시행하기도 한다. 가격, 이름, 지역에 대한 편견을 제거할 수 있다는 부분이 주요 장점이다.

클라레 claret 앵글로-색슨의 독창적인 용어로 중세 시대 보르도 레드 와인에서 기원했다. 당시에는 적포도와 백포도를 나란히 재배하고 같이 양조해 현재 기준보다 한층 연한 레드 와인을 만들었다. 프랑스어로는 밝은 빨강을 뜻하는 클레레(Clairet)라고 부른다.

프리미에 크뤼, 그랑 크뤼 Premier Cru, Grand Cru 프랑스 아펠라시옹에서 분류한 품질 등급이나 중요성은 지역별로 차이가 있다. 크뤼는 '등급'이란 의미로 한 포도밭이나 집단 포도밭을 지칭할 수 있다. 보르도의 '좌안'은 탑 5 와인만 프리미에 크뤼 클라세(1등급)를 받을 수 있다. 우안인 생테밀리옹은 탑 13 와인을 프리미에 그랑 크뤼 클라세로 분류하고 그 아래 64개를 그랑 크뤼 클라세로 책정한다. 부르고뉴와 샹파뉴는 그랑 크뤼('특등급')가 최고 품질 단계로 그다음이 프리미에 크뤼다. 알자스는 프리미에 크뤼 분류를 하지 않는다. 그러나 그 지역 포도밭의 약 13퍼센트가 그랑 크뤼 등급이다.

와인의 영적 시작

30초 핵심정보

8000년에 이르는 역사를 거치는 동안 와인은 주로 쾌락의 원천 혹은 생명 유지에 필요한 자양분으로 칭송받기보다 신이나 신들과의 소통 수단으로 여겨져 왔다. 신선한 포도즙이 알코올이 든 와인으로 바뀌는 자연 발효의 섭리가 인간을 손을 거치지 않고 벌어졌기에 그렇게 탄생한 음료는 곧 신이 내린 마법의 산물이 아니었을까? 게다가 와인은 사람을 기분 좋게 만들어주는 관계로 초자연적 혹은 초월적 범주와 연결해주는 매개 같았다. 신석기 시대 트랜스코카시아(와인을 처음으로 정기적으로 마신 곳)부터 아나톨리아, 레반트, 이집트, 그리스와 로마에 이르기까지 고대 문화 속 와인은 신의 선물이었다. 신성한 창조주를 영접하는 방법을 제공해 주는 수단으로서 말이다. 특히 고대 그리스 그리고 이후 로마에서 와인을 마시는 행위가 보편화되며 이 자극적인 음료는 또한 부자들에게 사치(가끔은 방탕함), 가난한 이들에게는 영양분으로 기능했다. 그러나 세속과 신성의 경계를 명확히 구분하는 종교가 나타나면서 와인은 영적 본질을 잃지 않을 수 있었다. 초기 기독교인에게 성찬식 포도주는 하느님의 보혈로서 갈증을 해소하거나 재빨리 열정을 끌어올리는 음료와는 상당히 다른 의미였다. 그러나 이전 문화에서는 모든 와인이 동등했다. 하늘에 있는 신과 마찬가지로.

3초 맛보기 정보

세속적이 아닌, 정신적이고 고결한 대상이 된 후로 와인 역사의 상당수가 신과 교감하는 방식으로 점철되었다.

3분 심층정보

고대 시기에 와인을 천국의 연금술로 여겼지만 전하는 기록에 따르면 맛은 그렇지 못했다. 공기에 너무 많이 노출되면 모든 와인이 변질된다. 그 신맛을 감추려고 생산자들은 수많은 향미를 더했다. 허브, 향신료, 꿀, 대리석 가루, 몰약, 무엇보다 눈에 띄는 건 송진이다. 가장 가치가 높은 와인이 당연히 맛도 가장 훌륭했다. 다만 섬세하기보다는 점도가 높고 기름져 시럽에 가까웠다.

관련 주제

다음 페이지를 참고하라
발효 32쪽
중세 수도사들 82쪽

3초 인물

디오니소스
고대 로마에서 바쿠스로 불린 그리스 와인의 신

에우리피데스
(약 480년~ 기원전 406년)
연극 <바카에(Bacchae)>에서 디오니소스를 와인 그 자체로 묘사한 그리스 비극 작가

대 플리니우스
(기원후 23~79년)
《박물지》에 초기 와인 문화를 상세히 기록한 로마의 작가

30초 저자

폴 루카스

와인은 통치자, 교황, 일반인 할 것 없이 오랜 세월 존경받고 축복받으며 즐기는 음료였다.

중세 수도사들

30초 핵심정보

흰 의례복을 걸친 소규모 수도사 집단이 중세 시대 유럽에서 가장 환영받는 와인을 만든 장본인들이다. 그들은 몇 세기 뒤 테루아라고 불리는, 특정 장소가 와인에 독창적 특성을 부여하는 능력이 있다는 점을 발견했다. 그들은 상당히 독실한 집단으로 세속의 부를 멀리하고 고된 육체노동으로 수행을 이어가는 시토 수도회 소속이다. 부르고뉴에 기반을 두고 어떤 포도 이랑에서 가장 건강한 작물이 나오는지 자세하게 기록했다. 평범한 땅에서 한두 발짝만 떨어졌을 뿐인데 차원이 다른 결과물이 탄생하자 그들은 가장 좋은 땅 주변에 돌벽을 쌓고 각각을 회랑처럼 별도의 공간으로 분리했다. 이곳에서 나온 와인은 달랐기에 특별한 맛이 났고 특별하기 때문에 달랐다. 그렇게 왕과 왕비, 공작과 주교, 심지어 교황의 마음마저 사로잡았다. 얼마 지나지 않아 일반 농부들도 비슷한 방식을 채택했고 알자스, 루아르, 론 밸리, 독일 모젤강과 라인강을 끼고 있는 언덕까지 확대돼 새롭게 주목받기 시작했다. 말 그대로 한 장소에 와인을 뿌리내리게 한 시토 수도사들이 전에 없던 무언가를 와인에 더해주었다. 그것이 바로 개성이다.

3초 맛보기 정보

12세기와 13세기 부르고뉴의 시토 수도사들은 와인의 정체성에 재배지가 중요한 역할을 한다는 것을 완전히 깨달은 첫 번째 사람들이다.

3분 심층정보

가장 유명한 시토 와인은 부르고뉴의 벽으로 둘러싸인 포도밭인 '클로 드 부조'에서 나왔다. 6세기경에는 수도사들의 부지였으나 현재는 생산자 80여 명이 개별 소유하고 있다. 수도사들의 소유권이 거의 끝나갈 무렵 방문한 한 영국인은 이 장소를 보고 '정령의 땅을 제대로 알아본 안목'이라고 감탄했다.

관련 주제

다음 페이지를 참고하라
테루아 16쪽
부르고뉴 102쪽

3초 인물

베르나르 데 클레보
(1090~1153)
프랑스 수도원장이자 시토 수도회의 설립자

교황 우르바노 5세
(1310~1370)
새 부르고뉴 와인을 사랑해 로마행을 거부한 프로방스의 베네딕토회 수사

30초 저자

폴 루카스

고대 시대부터 와인을 제조해서 주요 기술을 발전시킨 수도사들이 먼저 유럽에서 가장 우수한 포도밭을 상당수 알아보았다.

주요 와인 산지로 부상한 보르도

30초 핵심정보

17세기와 18세기 보르도에서 생산한 새로운 레드 와인을 처음 경험한 영국 일기 작가 새뮤얼 피프스는 '가장 특별하고 훌륭한 맛'이라고 소감을 밝혔다. 로마가 처음 이 지역을 점유한 뒤로 가로네(Garrone)와 도르도뉴(Dordogne) 강 사이 저지대 늪지에서 와인을 생산했다. 중세 시대 클라레라는 분홍빛 블렌딩 와인이 북유럽에서 인기를 끌자 교역을 통해 많은 부를 축적했다. 그러나 대부분의 중세 와인과 마찬가지로 맛은 특별하기보다는 평범함에 가까웠기에 피프스가 감탄한 다크 레드도 우리의 상상과는 전혀 딴판이다. 그런데 오브리옹에서 생산한 새로운 보르도 적포도는 두드러진 맛과 향을 풍겼다. 간혹 '클라레'라고 부르는 이들은 특별하기에 맛이 좋을 수밖에 없었다. 자갈이 많아 땅에 배수가 잘되고 포도가 상당히 빨리, 골고루 익었으며 이곳을 주목한 야심 찬 상인의 역할도 유명세에 한몫했다. 얼마 지나지 않아 오브리옹은 다른 부지까지 사들여 현재도 유명 포도원으로 남아 있다. 라피트, 라투르, 마고처럼 1800년대에 이르러 오브리옹은 세계에서 인정받는 와인이 되었다. 맛이 훌륭할뿐더러 이 와인을 마시는 것 자체가 그 사람의 취향이 훌륭하다고 알려주었다.

3초 맛보기 정보
17세기 중반에 등장한 새로운 보르도 레드 와인은 이전과는 상당히 달랐고 1800년에 이르러 전 세계에서 가장 권위 있는 와인으로 부상했다.

3분 심층정보
19세기 전반 다양한 사람들이 매년 시장에 등장하는 광범위한 보르도산 레드 와인을 분류하거나 등급을 매기려고 애썼다. 1855년 한 공식 위원회가 지역 최고의 와인을 분류한 등급표를 발행했고 이곳에서 1등급을 받은 와인은 꾸준히 고가로 팔렸다. 이 등급이 보르도 1855 분류법으로 알려져 지금까지 이어지는 중이다.

관련 주제
다음 페이지를 참고하라
카베르네 소비뇽과 샤토 라투르 62쪽
샴페인이 반짝이는 이유 86쪽
보르도 100쪽

3초 인물
아르노 드 퐁탁 (1599 ~1681)
새로운 스타일의 보르도 와인 생산 방식을 주도한 오브리옹의 프랑스인 소유주

새뮤얼 피프스(1633~1703)
새 보르도 와인에 관한 첫 시음 노트를 기록한 영국 일기 작가

30초 저자
폴 루카스

보르도 와인은 중세 시대에 명성을 얻었지만 그 지위를 확고히 다진 것은 나폴레옹 3세 때 1855 분류법이 나오면서부터다.

GRANDS VINS DE BORDEAUX
MARGAUX
Mis en bouteille dans nos chais
HAUT-BRION

샴페인이 반짝이는 이유

30초 핵심정보

프랑스 북부 샹파뉴 지방은 오랫동안 포도를 재배했으나 1600년대 후반부터 두 세기에 걸쳐 비로소 스파클링 와인을 세상에 내놓았다. 발효해서 당이 알코올과 이산화탄소로 바뀌면 모든 와인에 기포가 생긴다. 와인 생산자가 병 안에 기포를 가둘 수 있게 되면서 샴페인이 탄생했다. 견고한 유리병과 안정적인 마개의 발달이 계기였다. 여기에 설탕을 첨가하면 시큼한 와인이 근사한 풍미로 변한다는 사실을 발견하면서 박차를 가했다. 다만 설탕을 얼마나 넣어야 하는지가 관건이었다. 너무 적게 넣으면 거품이 잘 생기지 않았고 너무 많이 넣으면 압력이 높아져 병이 깨졌다. 그러다 1838년 한 교수가 설탕량을 측정해 정확한 압력을 예측할 수 있는 기계를 발명했다. 이보다 20년 일찍 샹파뉴의 클리코 퐁샤르댕 셀라마스터가 샴페인 병을 뒤집고 흔드는 리들링 방식을 고안해 이스트 침전물을 쉽게 제거할 수 있도록 했다. 그런 다음 벨기에의 한 발명가가 병목을 얼려 활동이 끝난 이스트는 버리고 기포를 살리는 법을 고안했다. 이 모든 혁신이 더해져 와인의 인기가 폭발적으로 증가했다. 1800년에 샹파뉴에서는 기포가 들어 있는 와인 약 30만 병을 생산했다. 100년 뒤 수치는 3000만 병으로 늘어났고 지금은 3억 병 이상이다.

3초 맛보기 정보

샴페인의 기포는 일련의 발견이 일어나면서 가능해졌다. 첫 계기는 와인이 계속 발효해도 코르크를 따기 전까지 기포를 가둘 수 있는 튼튼한 유리가 개발된 데서 출발했다.

3분 심층정보

전설과는 달리 프랑스 베네딕트 수도사인 돔 페리뇽이 샴페인을 발명한 장본인이 아니다. 샴페인은 어떤 개인의 작품이라 볼 수 없다. 다만 돔 페리뇽은 블렌딩의 대가였다. 제대로 된 비율로 적절한 포도 품종을 꾸준히 활용하는 그의 방식을 성직자들을 포함해 다른 양조자들이 따라 했고 그렇게 한참 뒤 마침내 샴페인이 기포로 반짝이게 되었다.

관련 주제

다음 페이지를 참고하라
발효 32쪽
샴페인 제조법 40쪽
밀봉 48쪽

3초 인물

돔 피에르 페리뇽(1638 ~1715)
샹파뉴 오빌레 수도원의 프랑스인 회계 담당자로 그 지역 스파클링 와인의 대중화를 이끈 인물

앙드레 프랑수아
(1836년경 활동)
스파클링 와인 속 설탕과 압력을 측정하는 도구를 발명한 프랑스인 교수

30초 저자

폴 루카스

샴페인은 단순히 기포가 든 와인이 아니라 기후, 지리적 요건, 생산 방식이 최고가 되었을 때 얻을 수 있는 명성과도 같다.

CHAMPAGNE

위기의 세기

30초 핵심정보

와인은 19세기의 영광에 살짝 몸을 담그다 말았다. 유럽에서 중산층이 확대되며 그간 부자의 전유물이던 와인이 한층 더 넓은 대중에게 근사한 맛을 선보일 수 있을 거라 기대했다. 그러나 1850년대에 들어 와인은 여러 차례 위기를 겪는다. 농업적인 문제도, 문화적인 문제도 있었다. 그렇게 상황에 휩쓸리면서 명망이 곤두박질쳤다. 첫 번째 시련은 질병이었다. 흰곰팡이, 부패병과 필록세라와 같은 병충해가 유럽에서 키우는 미국 품종에 타격을 주었다. 흰곰팡이를 없애는 살충제를 개발하고 대륙 와인 밭의 99퍼센트 이상이 필록세라에 내성이 있는 품종에 루트스톡을 해야 했다. 그러고 나서 회복하기까지 거의 두 세대가 걸렸다. 한편, 대부분 북아프리카에서 들여온, 품질이 형편없는 수입산 와인이 가짜 상표를 달고 시장에서 날개 돋친 듯 팔렸다. 그렇게 고급 와인의 명성에 흠집이 나자 애호가들은 즐거움을 주는 대안을 찾기 시작했다. 처음에는 압생트를 비롯해 독한 증류주를, 이후에는 칵테일로 유행이 넘어갔다. 와인 생산자들은 차츰 전쟁터에 온 듯한 느낌을 받았다. 실제로 1914년에 그런 상황이 있었고, 다시 1939년에 전쟁이 시장을 열악하게 만들어 포도밭에 폭탄이 터지면서 악몽이 부활했다. 완전히 파괴되진 않았지만 동요가 컸던 와인의 운명은 20세기 하반기에 들면서 차츰 회복세를 보이기 시작했다.

3초 맛보기 정보

한 세기 내내 재앙이 꼬리를 물고 이어지자 많은 이들의 마음속에서 세련된 음료였던 와인의 위상이 달라지고 말았다.

3분 심층정보

일부 클래식 칵테일에는 와인이 들어가는데 대표적으로 키르(Kir, 화이트 와인과 크렘 드 카시스), 벨리니(Bellini, 프로세코와 화이트 피치 퓌레), 샴페인 칵테일(샴페인, 설탕, 비터스)가 있다. 역설적이게도 칵테일은 포도주 제조자보다 바텐더의 역량에 더 의존하기에 와인에 대한 존중이 더욱 줄어들고 말았다.

관련 주제

다음 페이지를 참고하라
필록세라 24쪽

3초 인물

조세핀 베이커(1906 ~1975)
에로틱한 퍼포먼스로 사교계를 충격에 빠트린 미국 출신 무용수 겸 가수. 그녀를 기념하고자 이름을 딴 칵테일도 등장했다.

30초 저자

폴 루카스

1920년대 미국에서 주류 금지법이 발효되고 '냉담'한 운동가들이 등장하게 된 건 출처가 의심스러운 스피릿이 강력한 희석용 음료와 섞여 마티니, 사이드카, 진피즈로 변장하는 행태에 분노한 결과다.

아펠라시옹의 시작

30초 핵심정보

와인이 한 세기 동안 위기를 겪고 난 뒤 인기와 명성을 되찾기 시작한 건 본질, 말 그대로 테루아, 즉 '장소'의 독창성을 새롭게 살피면서부터다. 1920년대 프랑스에서 아펠라시옹이 탄생하며 중요한 첫발을 내디뎠다. 아펠라시옹은 개별 지역 단위에서 자란 포도로 만든 와인의 고유함을 보증해주었다. 와인이 어디서 생산되었는지뿐 아니라 어떤 품종이 들어가 어떤 식으로 만들어졌는지도 표기하도록 규정했다. 기존 관행을 유지하는 쪽도 있었고, 다른 이들은 새로운 방식으로 품질을 높여 아펠라시옹을 제대로 활용하길 원했다. 더 이상 레드 부르고뉴에는 남 프랑스산 싸구려 와인이 들어가거나 보르도에 스페인산 레드를 혼합한 것이 존재하지 못하게 되었다. 수확 작물의 크기부터 와인 숙성기간까지 모든 것이 법제화됐다. 초기 아펠라시옹 도리진 콩트롤레 혹은 AOC가 법령을 정했고 와인 생산자들은 '충직하고, 지역색이 묻어나며 맛이 일정한' 방식을 고수해야 했다. 당대 후반기에 비슷한 법규와 아펠라시옹 체계가 다른 와인 생산국에서도 생겨났다. 항상 강제한 건 아니지만, 이들 법령이 국제적으로 와인의 품질을 높이고 고객이 다시 믿을 수 있는 와인의 라벨을 만드는 실질적인 역할을 해냈다.

3초 맛보기 정보

AOC는 프랑스의 와인 품질과 생산지를 입증하는 증명서로 치즈와 닭, 렌틸, 라벤더처럼 다양한 생산물 분류에도 활용한다.

3분 심층정보

첫 AOC 규정은 1923년 남부 론 밸리의 샤토뇌프 뒤 파프의 피에르 르 루아 드 부아조마리에가 착안했다. 그가 아펠라시옹의 경계와 최소한의 알코올 도수, 제한된 생산량과 허용 품종을 정했다. 주로 싸구려 대용량 와인을 만드는 용도였던 샤토뇌프가 프랑스에서 가장 권위 있는 와인을 생산하게 된 것이다.

관련 주제

다음 페이지를 참고하라
테루아 16쪽
중세 수도사들 82쪽
위기의 세기 88쪽

3초 인물

조셉 카퓌스(1867 ~1947)
프랑스 전역에 통제할 수 있는 아펠라시옹을 정립하자는 운동을 전파한 프랑스 입법가

피에르 르 루아 드 부아조리에
(1890~1967)
프랑스의 첫 공식 아펠라시옹을 만든 프랑스 와인 생산지 소유주

30초 저자

폴 루카스

품질 좋은 와인을 만들기 위한 프랑스의 아펠라시옹 체계는 부르고뉴와 같은 단독 포도밭 혹은 루아르와 같이 전체 계곡을 지정할 수 있다.

파리의 평가

30초 핵심정보

1976년 5월 파리에서 와인 상점을 운영하는 영국인 스티븐 스퍼리어가 파리 인터컨티넨탈 호텔에서 와인 시음회를 열었다. 여기서 저명한 프랑스 와인 전문가 아홉 명이 모여 와인 스무 개를 시음하고 평가했다. 레드 보르도, 화이트 부르고뉴, 일부 카베르네 소비뇽과 북 캘리포니아의 샤르도네도 있었다. 누구도 미국 와인이 그렇게 훌륭할지 예상치 못했고 블라인드 테스트 결과는 모두를 충격에 빠뜨렸다. 와인 스무 종을 모두 흔들고 맛보고 뱉은 다음 카테고리별로 최고를 뽑았다. 나파 밸리의 샤르도네 샤토 몬텔레나 1973이 화이트 와인 분야에, 카베르네 소비뇽 스택스 립 와인 셀라 1973이 레드 와인에 선정됐다. 갑자기 캘리포니아가, 더 나아가 모든 뉴 월드 와인 지역이 진정한 고급 와인 산지로 인정받은 것이다. 이후 20년 넘게 아르헨티나, 호주, 칠레, 뉴질랜드, 남아프리카 및 여러 국가에서 생산한 와인을 가지고 비슷한 시음회가 열렸다. 비유럽산 와인이 늘 우승한 건 아니지만 위엄 있는 동반자로서 지속적으로 입지를 다졌다. 포도밭과 와이너리 그리고 현대 과학이 투자와 결합해 한층 훌륭한 와인을 더 많은 지역에서 생산할 수 있게 해주었다. 21세기가 시작되면서 한때 서구 유럽에 국한되었던 고급 와인 지도가 진정으로 세계화한 것이다.

3초 맛보기 정보

1976년 파리 시음회는 유럽 최고의 와인에 뒤지지 않는 새로운 장소, 새로운 와인의 출현을 알렸다.

3분 심층정보

파리 시음회 심사위원들은 다양한 와인에 혼란스러워했고 캘리포니아 와인의 섬세함과 피네스를 프랑스 와인으로 착각했다. 당시 그런 혼란이 뉴 월드 와인에게는 최고의 칭찬이었다. 그러나 더 최근에 뉴 월드 와인 생산자는 외국 모델을 모방하는 작업을 그만두고 토착 산지에서 나온, 정체성이 잘 드러나는 자신만의 와인을 만들기 시작했다.

관련 주제

다음 페이지를 참고하라
테루아 16쪽
나파 밸리 106쪽

3초 인물

워렌 위니아스키(1928~)
파리에서 큰 성공을 거둔 카베르네 소비뇽을 생산하는 스택스 립 와인 셀라 캘리포니아 소유주이자 와인 메이커

스티븐 스퍼리어(1941~)
이후 역사에 길이 남을 1976년 시음회를 연 영국 와인 상인

피에르 브레주
인스티튜 나시오날 데 아펠라시옹 도리진 콩트롤레(INAO)의 프랑스 대표이자 파리 시음회의 수석 감정인

30초 저자

폴 루카스

1976년 블라인드 테이스팅에서 캘리포니아 와인이 프랑스 와인을 이기면서 기존의 예상은 완전히 빗나가고 새로운 주인공이 탄생했다.

Yreka
Edgewood
Bluff
Cecilville
Berryvale
Weaverville
Eureka
Shasta
Gas Point
Cottonwood
Paskenta
Covelo
Newville
Potter Valley
Norman
Leesville
Ukiah
Madison
Calistoga
Sta Rosa
Napa
Napa Jc.
Antioch
Tracy
San Jose
Santa Cruz
Salinas
Soledad
Jolon
Santa Margarita
LE GRAND HOTEL
CAFÉ DE LA PAIX

1913년 6월 18일
미네소타주 버지니아 출생

1937
스탠퍼드 대학교 경제학과를 졸업하고 이후 세인트 헬레나에 위치한 서니힐 와이너리(Sunnyhill winery)에서 근무 시작

1943
체사레 몬다비(Cesare Mondavi)가 아들 로버트와 피터와 함께 세인트 헬레나의 찰스 크룩 와이너리(Charles Krug Winery) 인수

1966
나파 밸리 오크빌 하이웨이(Oakville Highway)에서 두 아들과 함께 로버트 몬다비 와이너리를 세움

1968
오크에 숙성한 드라이한 소비뇽인 퓌메 블랑을 처음으로 시장에 선보임. 스타일과 명칭이 아주 성공적이라 멀리 호주에서도 복제품이 나옴

1968
첫 카베르네 소비뇽을 출시해 나파 밸리가 근대 르네상스를 맞이하는 초석을 다짐

1979
캘리포니아 로디(Lodi)에 몬다비 우드브릿지 와이너리(Mondavi Woodbridge Winery)를 세워 대량 생산용 저가 와인에 주력

1985
생산량을 줄이고 과육의 농도를 극대화하고자 카베르네 소비뇽 포도의 저수고밀식 재배 도입

1989
<디켄터>지에서 올해의 인물로 선정

1995
토스카나의 마르케시 디 프레스코발디(Marchesi de Frescobaldi)와 합작해 루체와 루첸테를 포함한 여러 라벨을 생산하기 시작

2002
이탈리아 공화국으로부터 메리트 훈장(Order of Merit) 수상

2005
프랑스 정부의 레지옹 도뇌르 훈장(Legion of Honour) 수상

2007
캘리포니아 명예의 전당 입성

2008년 5월 16일
95세 생일 직후 사망

2008
캘리포니아 대학교 데이비스 캠퍼스에서 로버트 몬다비 와인과 식품공학 연구소(The Robert Mondavi Institute for Wine and Food Science) 개관. 몬다비가 무려 2500만 달러를 지원

로버트 몬다비

와인 생산자이자 독지가인 로버트 몬다비는 캘리포니아 주류 금지법 이후 시대에서 가장 중요한 인물로 손꼽힌다. 그는 부진한 업계를 세계 무대에서 자신 있게 경쟁할 수 있도록 끌어 올리는 데 일조했다. 거의 50년간 야심 찬 후대 와인 생산자들에게 영감을 주고 수백만 소비자들을 현대 캘리포니아 와인으로 끌어왔다.

몬다비는 그의 부모가 세인트 헬레나에 찰스 크루그 와이너리를 구입한 1943년에 크게 도약했다. 동생 피터와 함께 이곳에서 일하며 그는 다양한 시도를 하고 유명 포도주 양조학자인 앙드레 첼리스트체프(Andre Tchelistcheff)의 도움을 받아 와인 제조 분야에서의 경험을 더욱 다듬어나갔다.

1950년대에는 카베르네 소비뇽 품종에 주력했고 1962년에는 보르도로 넘어갔다. 이 여정이 고급 와인, 고급 음식과 문화에 대한 그의 갈망을 더욱 심화했으며 생의 후반기에 이 분야에 집중하도록 이끈다.

1965년 동생과 씁쓸한 논쟁을 벌인 뒤 가족 사업을 관두고 두 아들과 함께 나파 밸리에 앞으로 수십 년간 명성을 떨칠 새 와이너리를 세운다. 이내 이곳은 미국에서 가장 성공한 와이너리로 우뚝 선다. 건축적으로 두드러진 '미션 양식'의 로버트 몬다비 와이너리는 기술과 마케팅 혁신의 선봉으로 온도 제어 발효 시스템을 도입하고 프랑스 오크 배럴을 고수했다. 또한 몬다비는 지금은 보편화된 포도 품종별 와인 판매의 인기를 끌어올린 장본인이다.

1976년, 지역 와인이 전설적인 시음회였던 '파리의 평가'에서 보르도와 부르고뉴를 넘어서는 성과를 보이면서 나파 밸리가 품은 엄청난 잠재력에 관한 그의 확고한 신념이 옳았음을 입증했다. 우승한 와인은 샤토 몬텔레나의 와인 생산자인 마이크 그르기치(Mike Grgich)와 스택스 립 와인 셀라의 소유주이자 와인 생산자인 워렌 위니아스키의 제품으로 두 사람 다 몬다비 밑에서 일한 경험이 있다.

몬다비의 초프리미엄 와인 생산에 대한 오랜 열망이 보르도의 전문가 바롱 필립 드 로쉴드와 수년에 걸친 논의 끝에 1979년 결실을 맺었다. 두 가문이 합작한 오퍼스 원(The Opus One)은 1980년에 공식적으로 세상에 이름을 알렸다. 이 성공에 힘입어 이후 몬다비는 칠레에서 채드윅(Chadwick) 가문과, 토스카나에서 마르케시 디 프레스코발디와 파트너십을 맺었다.

1970년대부터 몬다비 와이너리는 국제 요리 세미나부터 유명한 연례행사인 썸머 뮤직 페스티벌에 이르는 화려한 행사를 주관하며 나파 밸리의 급성장하는 문화를 선도했다.

80세 후반의 나이에도 왕성하게 활동한 로버트 몬다비는 미국의 알코올 반대 청탁에 대항했다. 전설적인 와인 계의 원로인 그는 2007년 아널드 슈워제네거(Arnold Schwarzenegger) 주지사와 부인 마리아 슈라이버(Maria Shriver)의 승인하에 캘리포니아 명예의 전당에 사후 이름을 올렸다.

주요 와인 산지

주요 와인 산지
용어

1855 분류법 1855 Classification 1855년 파리 전시회에 출품한 보르도 최고의 와인 등급표. 이 분류에 따른 등급이 수십 년간 시장 평균 가격을 형성하는 토대가 되었고 메독의 레드 와인과 소테른-바르삭의 스위트 와인도 포함한다. 지리적 예외로 그라브 지역의 샤토 오 브리옹만 프리미에 크뤼 클라세(1등급)로 분류한다. 1855 분류법은 150년 넘게 이어져 왔으나 1973년 샤토 무통 로쉴드의 바롱 필립 드 로쉴드가 로비에 성공해 당시 농림부 장관이던 자크 시라크의 서명 승인을 받아 1등급으로 상향 조정 되었다.

1등급 First Growths 메독의 샤토와 보르도의 그레이브 지역 우수 집단이 공식 1855 분류법에서 프리미에 크뤼에 올랐다. 대상은 샤토 라투르, 라피트-로쉴드, 무통-로쉴드, 마고, 오브리옹이다.

국제 품종 international varieties 유럽의 전통 와인 생산지에서 가져와 현재 전 세계에서 재배 중인 포도 품종을 일컫는다. 최상급 품종을 노블 그레이프라고 부르기도 한다. 레드 와인에는 카베르네 소비뇽, 메를로, 피노 누아, 시라/시라즈가 속한다. 화이트 와인으로는 리슬링, 샤르도네, 세미옹, 쇼비뇽 블랑, 슈냉 블랑이 있다.

도멘 domaine 와인 재배지를 지칭하는 프랑스어. 부르고뉴 지방에서 흔히 쓰나 프랑스 다른 지역에서도 사용한다. 보르도에서는 와인 재배지를 샤토라고 더 많이 부르는데 그 중심에 커다란 성 같은 거주지가 있을 수도, 없을 수도 있다.

메독 The Médoc 보르도에서 가장 잘 알려진 와인 지역으로 지롱드 주 서쪽 보르도 시 북부까지 걸쳐 있다. 보르도의 '좌안'이라고 불리며 가장 유명한 여덟 아펠라시옹인 마고의 오메독 공동체, 생 쥘리앙, 포이악, 생 테스테프가 속한다. 지금도 유효하게 쓰이는 1855 분류법 공식 등급에 오른 최초의 보르도 지방이다.

모노폴 Monopole 클리마 참고

버라이어탈 varietal 단일 포도 품종으로(혹은 지역 와인 법령에 따라 거의 100퍼센트에 육박하게) 만든 와인. 1950년대와 1960년대 초, 캘리포니아에서 비롯된 개념이나 실제로 적용된 건 로버트 몬다비 등 나파 밸리의 와인 생산자들이 카베르네 소비뇽과 샤르도네를 만들기 시작한 1970년대부터다. 버라이어탈 와인은 이내 다른 뉴월드, 특히 호주, 뉴질랜드, 남아프리카에서 표준이 되었다. 샤블리, 부르고뉴, 샹파뉴처럼 원산지(혹은 영감을 받은 지역)의 명칭을 따서 붙인다.

에쉘르 데 크뤼 Échelle des Crus 20세기 중반 샹파뉴에서 마을별로 생산한 포도의 품질을 구분하려고 고안한 체계. 이에 따라 가격을 매긴다(에쉘르는 '사다리'라는 뜻이다). 90~99퍼센트를 받은 마을은 프리미에 크뤼를, 100퍼센트를 받은 곳은 그랑 크뤼가 된다. 원래는 생산자가 신고한 포도의 가격에 적합한 퍼센트를 받았다. 현재는 한층 유동적으로 가격책정이 이루어진다.

코트도르 Côte d'Or 프랑스의 행정구역. 부르고뉴 와인 생산 중심지로 코트 드 본과 코트 드 뉘를 포함한다. 주도는 본이다.

클라레 claret 앵글로-색슨의 독창적인 용어로 중세 시대 보르도 레드 와인에서 기원했다. 당시에는 적포도와 백포도를 나란히 재배하고 같이 양조해 현재 기준보다 한층 연한 레드 와인을 만들었다. 프랑스어로는 밝은 빨강을 뜻하는 클레레라고 부른다.

클리마 climat 아주 작은 특정 포도밭과 특유의 테루아를 지칭하는 프랑스 용어. 역사적인 명칭을 따거나 혹은 리우딧(lieu-dit)으로 부른다. 부르고뉴에서 클리마는 포도밭과 동일한 의미다. 자체 아펠라시옹이 있고 단독 생산자가 전체를 소유한 경우 모노폴이라고 한다.

탄산 침용 carbonic maceration 으깨지 않은 포도송이 그대로 레드 와인을 만드는 방식. 이스트를 쓰지 않는 발효로 무산소 환경 속의 포도알갱이가 각각 설탕을 알코올로 변화시킨다. 발효 때문에 속에서 이산화탄소가 차올라 포도알을 터트리며 전체 발효를 이어간다. 보졸레에서 와인을 만드는 방식으로, 한층 진한 과일 맛이 감도는 근사한 와인이 탄생한다.

프리미에 크뤼, 그랑 크뤼 Premier Cru, Grand Cru 프랑스 아펠라시옹에서 분류한 품질 등급이나 중요성은 지역별로 차이가 있다. 크뤼는 '등급'이란 의미로 한 포도밭이나 집단 포도밭을 지칭할 수 있다. 보르도의 '좌안'은 탑 5 와인만 프리미에 크뤼 클라세(1등급)를 받을 수 있다. 우안인 상테밀리옹은 탑 13 와인을 프리미에 그랑 크뤼 클라세로 분류하고 그 아래 64개를 그랑 크뤼 클라세로 책정한다. 부르고뉴와 샹파뉴는 그랑 크뤼('특등급')가 최고 품질 단계로 그다음이 프리미에 크뤼다. 알자스는 프리미에 크뤼 분류를 하지 않는다. 그러나 그 지역 포도밭의 약 13퍼센트가 그랑 크뤼 등급이다

보르도

30초 핵심정보

프랑스 남서부 해안가의 같은 이름을 지닌 도시 근처에 자리한 보르도는 감히 세계에서 가장 유명한 와인 생산지라고 단언할 수 있다. 모든 레드 보르도 와인에는 '클라레'라는 이름이 붙는데, 일상적인 클라레도 많이 생산되지만 매년 기상 조건을 까다롭게 분석하고, 투자 와인으로서 가치를 판단하고, 미국 평론가 로버트 파커의 가격 영향력 등이 가장 신경을 쓰는 분야는 최상위 클라레다. 클라레는 종종 '좌안' 혹은 '우안'인지에 따라 정해진다. 비록 단일 포도 품종을 쓴 적이 거의 없지만 카베르네 소비뇽은 두 좌안 지역의 자갈이 많은 토양에서도 잘 자랐다. 보르도 북부 메독과 도시 남부와 가로네 강 서쪽 그라브에서 말이다. 도르도뉴강 동쪽인 우안은 점토질이 강한 토양이 메를로에 적합해 주로 카베르네 프랑과 혼합한다. 말벡과 쁘티 베르도는 유명세는 덜한 품종이나 일부 보르도 레드 와인과 혼합할 수 있다. 드라이 보르도 화이트 와인은 일반적으로 소비뇽 블랑과 세미옹을 혼합하고 뮈스카델은 보르도 유명 스위트 와인을 만들 때 쓰는 품종으로 소테른과 바르삭 같은 소규모 작물도 들어간다.

3초 맛보기 정보

보르도는 세상에서 가장 비싼 레드와 스위트 화이트 와인의 생산지라는 오랜 명성을 유지 중이다.

3분 심층정보

1855년 메독 분류법이 보르도의 가장 유명한 품질 등급이다. 포도밭의 품질보다 샤토의 등급을 매기며 다섯 단계 즉 '등급'으로 나뉜다. 1등급 샤토는 정점에 있는 지역으로 일반적으로 가장 높은 가격을 책정할 수 있다. 1등급 샤토에는 무통-로쉴드, 라투르, 라피트-로쉴드, 마고, 오브리옹이 있는데 마지막은 1973/74년에 보기 드물게 등급이 상향되었다.

관련 주제

다음 페이지를 참고하라

스위트 와인 42쪽

카베르네 소비뇽과 샤토 라투르 62쪽

주요 와인 산지로 부상한 보르도 84쪽

위기의 세기 88쪽

아펠라시옹의 시작 90쪽

30초 저자

제인 파킨슨

보르도의 샤토는 고급 와인 생산에 헌신한다. 레드, 카베르네 블렌드가 주로 생산되나 화이트 와인도 적당히 괜찮은 것부터 감탄이 나오는 것까지 다양하게 생산된다.

Château
Mouton Rothschild

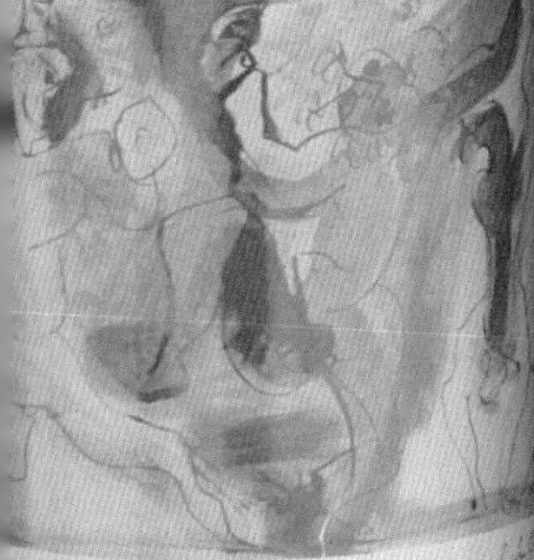
hommage à Picasso
BACCHANALE MUSÉE DE MOUTON
1973
Château
Mouton Rothschild
PREMIER CRU CLASSÉ EN 1973
SECOND JE FUS
MOUTON NE CHANGE
BARON PHILIPPE
PAUILLAC
PRODUCE OF FRANCE

1968
SPECIMEN
Cette récolte a produit
Bordelaises et 1/2 Bles de
Magnums de
Grands Formats de
doubles magnums, jéroboams, impériales
"Réserve du Château" marquées
Château
Mouton Rothschild
BARON PHILIPPE DE ROTHSCHILD PROPRIÉTAIRE A PAUILLAC
APPELLATION PAUILLAC CONTRÔLÉE
PRODUCE OF FRANCE

1973
PETRVS
POMEROL
Grand Vin
Mme L.P. LACOSTE-LOUBAT
PROPRIÉTAIRE A POMEROL (GIRONDE) FRANCE
MIS EN BOUTEILLES AU CHATEAU
APPELLATION POMEROL CONTROLÉE

CHATEAU AUSON
1er GRAND CRU CLASSÉ
SAINT-EMILION GRAND CR
1990

부르고뉴

30초 핵심정보

프랑스 북동부의 북쪽과 남쪽을 정확하게 가로지르는 석회암 산등성이에 자리한 부르고뉴는 대표 품종인 피노 누아와 샤르도네를 어떻게 재배하는지 벤치마킹하기 좋은 곳이다. 코트도르에서 가장 수요가 큰 와인은 크게 두 종류다. 피노 누아가 크게 우세한 코트 드 뉘와 전부는 아니지만 샤르도네가 한층 많은 코트 드 본으로 말이다. 부르고뉴의 생산자 대다수는 '도멘'이라고 부르며 이곳엔 세상에서 가장 드물고 값비싼 피노 누아를 생산하는 유명 산지인 도멘 드 라 로마네 콩티가 있다. 코트도르의 북쪽과 남쪽 하위 지방은 간혹 '부르고뉴'라는 라벨에서 제외되기도 한다. 서늘한 북쪽의 샤블리는 지역명인데, 그곳의 상쾌하고 생기 넘치는 드라이 화이트 와인은 순전히 샤르도네로만 만든다. 남쪽의 코트 샬로네즈와 마코네는 저명한 부르고뉴산 레드와 화이트 와인뿐 아니라 부드러운 스파클링 버전인 크레망 드 부르고뉴도 생산한다. 더 남쪽으로 내려가면 보졸레가 샤블리와 달리 공식적으로 아펠라시옹의 바깥에 있다. 이 와인 스타일은 가메 포도로 만들기에 '레드 부르고뉴'와 완전히 다르고 주로 탄소 침용 방식을 활용해 보졸레를 과일 맛이 두드러지는 와인으로 변화시킨다.

3초 맛보기 정보

코트도르 산
레드 부르고뉴와
화이트 부르고뉴는 각각
피노 누아와 샤르도네의
궁극적인 발현으로 본다.

3분 심층정보

작고한 이의 자녀가
토지를 균등하게 나눠
가져야 한다는 나폴레옹의
상속법이 부르고뉴의
풍경을 만드는 데 크게
기여했다. 오늘날 복잡한
패치워크처럼 놓인
포도밭에서 생산자는
작은 이랑을 가꾼다.
이것이 르 몽라셰 혹은
르 샹베르탱처럼 여러
생산자가 활용하는 유명한
포도밭과 자체 아펠라시옹이
출현한 이유를 설명해준다.

관련 주제

다음 페이지를 참고하라
피노 누아와 라 로마네 콩티
64쪽
중세 수도사들 82쪽

30초 저자

제인 파킨슨

*작은 단위의 포도밭으로
이루어진 부르고뉴에서
지상 최고의 피노 누아와
샤르도네가 나온다.*

1984

토스카나

30초 핵심정보

이탈리아 중심부에 자리 잡은 축복받은 이 지역은 레드 와인 부문에서 타의 추종을 불허하는 품종을 생산한다. 토스카나에서 가장 유명한 와인 생산지인 키안티의 주요 품종인 산지오베제가 그 주인공이다. 키안티에는 핵심 지역 두 곳이 있다. 중심부이자 최고 지역인 키안티 클래시코와 괜찮은 와인을 생산하는 일곱 하위 지역인데, 특히 루피나가 유명하다. 키안티보다 온도가 높은 몬탈치노의 언덕 마을 주변에 자리한 부르넬로에선 토스카나의 시그니처 와인 중 하나를 생산한다. 강렬함, 타닌과 대담함이 특징인 부르넬로 디 몬탈치노는 보통 십 년은 숙성시켜야 맛이 든다. 이보다 조금 일찍 숙성한 형제 격인 로소 디 몬탈치노는 최근 들어 혼합 품종을 두고 의견이 엇갈려 논란이 일었으나 지금은 해결된 상태다. 토스카나는 또한 스위트와 드라이한 화이트 와인을 생산한다. 맛이 풍부한 빈 산토는 주로 트레비아노와 말바시아 포도를 짚 위에 놓거나 공중에 매달아 당분을 집약한다. 토스카나 최고의 드라이 화이트 와인은 해안가에서 나오며 이곳의 베르멘티노 품종이 강한 풍미와 상큼함으로 지역민들의 갈증을 말끔히 씻어준다.

3초 맛보기 정보

짭짜름하고 타닌과 체리 맛이 감도는 산지오베제는 토스카나 최고의 토착 레드 와인 품종이다.

3분 심층정보

토스카나에서 가장 존경받고 명망 높은 와인은 1970년대 이탈리아 와인 규칙을 과감히 깨트린 것들이다. 카베르네 소비뇽과 메를로처럼 토종 품종이 아닌 포도를 가지고 비싼 와인을 생산하는 이들은 1992년 이 최상급 와인 생산자를 지칭하는 새로운 명칭인 인디카치오네 제오그라피카 티피카(IGT)가 나오기 전까지는 이탈리아 와인 품질 등급에 속하지 않는 금지된 품종을 사용했다는 이유로 '등급 없음'을 단 채 시장에 내놓아야 했다. 지금은 '슈퍼 투스칸'이 세상에서 가장 수요가 많은 와인 목록에 올라 있다. 기억에 남는 이름으로 오르넬라이아, 마세토, 사씨카이아, 티냐넬로를 들 수 있다.

관련 주제

다음 페이지를 참고하라
스위트 와인 42쪽

30초 저자

제인 파킨슨

이탈리아는 포도를 생산하기에 이상적인 환경이라는 축복을 받았고 그 중심부에 자리한 토스카나는 고대 와인 생산지라는 혈통을 지역 포도로 계승하고 있다. 모든 이탈리아 전통 품종을 국제 품종과 함께 심어 아주 근사한 와인을 생산한다.

Incisa
Empoli
Figline
Poggibonsi
Siena
Arezzo
Castiglione
Fojano
Colle
TUSCANY
Asciano
Buonconvento
Massa Marita
Montalcino
S. Quirico
Campiglia
Mt Cetona
Radicofani
Centino

나파 밸리

30초 핵심정보

와인 생산지가 왕족이라면 나파 밸리는 캘리포니아의, 아니 미국의 군주로 등극할 것이다. 샌프란시스코 북쪽으로 112킬로미터 떨어진 나파의 첫 와이너리는 19세기 하반기에 세워졌고 이후 많은 와이너리가 선례를 따랐다. 그러나 필록세라에 이어 금주법이 발효돼 좌절을 맛보았다. 1966년, 이 지역 와인 대부로 알려진 로버트 몬다비가 와이너리를 열자 다른 이들도 재빨리 따라 하기 시작했다. 나파는 1976년 소위 파리의 평가라고 부르는 블라인드 테이스팅을 통해 와인 역사에 근사하게 등장했다. 이 심사에서 나파의 화이트 한 종과 레드 한 종이 분야별로 프랑스 유수의 와인을 꺾고 승리했다. 그 이후로 이 지역은 세련되고 관광 친화적인 와인 허브로 변했다. 카베르네 소비뇽은 나파에서 가장 잘 자라고 인정받는 품종으로 특히 미국 포도 지정 재배 지역(AVA)에 속한 오크빌과 러더퍼드의 와인은 풍부하고 강인해 수십 년간 숙성하기 적합하다. 적포도 품종인 메를로와 진판델 역시 재배되고, 피노 누아는 남부에서 인기가 높으며 샤르도네는 백포도 중에서 가장 중요한 품종으로 자리 잡았다. 나파는 또한 여러 캘리포니아 '컬트' 와인의 고향이다. 대표적으로 스크리밍 이글, 할란, 아라우호, 콜긴 셀라, 달라 발레, 그레이스 패밀리를 들 수 있다.

3초 맛보기 정보

나파 밸리는 미국에서 가장 인정받는 와인 생산 지역으로 특히 이곳의 강렬한 카베르네 소비뇽이 큰 명성을 떨치는 중이다.

3분 심층정보

바카와 마야카마스 산맥 사이에 자리한 나파는 기온 차가 엄청나서 50킬로미터에 이르는 긴 땅에 심는 포도 묘목과 와인 스타일에 따라 큰 차이가 생긴다. 최북단 지점인 캘리스토가에서는 풍미가 진하고 묵직한 카베르네 소비뇽을 생산한다. 이곳의 여름 평균 기온은 남쪽에 자리한 로스 카네로스보다 7~8도 이상 높아 왜 카네로스에서 피노 누아를 골라 질투 날만큼 큰 명성을 얻는 스틸 와인과 스파클링 와인을 만드는지 짐작게 한다.

관련 주제

다음 페이지를 참고하라
카베르네 소비뇽과 샤토 라투르 62쪽
지역 포도 품종과 와인 스타일 74쪽
파리의 평가 92쪽

30초 저자

제인 파킨슨

한때 외딴 과일 농가 지구로 알려진 나파 밸리는 지금은 캘리포니아 최고급 와인 생산지의 상징이자 중심부다.

WELCOME to this world famous
wine growing region
NAPA VALLEY
napa valley vintners
... and the wine is bottled poetry...
Robert Louis Stevenson
Santa Rosa
Napa
San Rafael
Pt Reyes
San Francisco
Farallon Is
Vallejo
Oakland
Stockton

리오하

30초 핵심정보

빌바오 남부의 리오하는 스페인 북부 중심지로 최근까지도 스페인 최고의 레드 와인 독점 생산지로 알려졌다. 현재는 그 영광을 리베라 델 두에로와 프리오랏과 나눠 가지고 있다. 리오하는 아로(Haro)에서 남동부를 향해 흐르는 에브로 강 양쪽에 걸쳐 있는 엄청나게 넓은 지역으로 크게 리오하 알타, 리오하 알라베사, 리오하 바하 세 구역으로 나뉜다. 리오하는 배럴과 병에 와인을 숙성하는 최소한의 기간을 명시한 등급 체계를 구축하고 있다. 따라서 품질이 가장 훌륭한 와인이란 곧 가장 오래 숙성한 와인인 것이다. 등급은 내림차순으로 그란 레세르바, 레세르바, 크리안자, 리오하 순이나 품질 좋은 와인 생산자들 사이에선 이 분류법에 연연하지 않는 새로운 바람이 불고 있다. 템프라니오가 리오하 레드 와인에 들어가는 포도 품종이나 일반적으로 블렌딩을 하는 스타일이라 가르나차 또한 아주 중요하다. 그라시아노와 마수엘로(카리냥 품종)가 레드 리오하의 공통 요소이며 적은 양이 들어가긴 하지만 카베르네 소비뇽 역시 뿌리를 두고 있다. 레드 리오하의 최고 유명 생산자는 마르케스 데 무리에타 카스티요 이가이다. 불공평하게도 화이트 리오하는 주로 간과되는 실정인데, 일반적으로 지역 백포도 품종을 혼합해 만든다. 비우라, 말바시아 리오하나 혹은 가르나차 블랑카가 들어간다.

3초 맛보기 정보

세계적으로 친숙하고 인정받는 이름인 리오하는 스페인 지역명으로, 일상에서 즐기는 와인부터 국가 대표급 와인까지 다채롭게 생산하는 곳으로 명성이 자자하다.

3분 심층정보

레드 리오하의 스타일은 꾸준한 논쟁과 토론의 주제가 되어왔다. 역사적으로 레드 리오하는 미국 오크 배럴을 활용해 와인에 뚜렷한 바닐라 맛을 입힌다. 지난 20년간 와인 제조 기술이 달라지고 프랑스 오크가 인기를 끌면서 전통 레드 리오하보다 과일 맛이 강하고 색이 진한 '모던 리오하'가 탄생했다. 오늘날에는 생산자들이 레드 리오하를 재건하려고 노력하면서 미국산 배럴이 인기를 되찾았다.

관련 주제

다음 페이지를 참고하라
레드 와인 제조법 38쪽
엘르바주 46쪽
템프라니오와 리베라 델 두에로 70쪽

30초 저자

제인 파킨슨

외부인들에게 레드 리오하는 풀바디에 연한 색상과 진한 오크 향, 바닐라 풍미가 일품이라 한때 스페인 최고 와인으로 숭배받았다. 당시에는 오크에서 더 부드럽고 과일 맛이 강하며 섬세한 블렌딩이 이루어졌다.

VIÑA CUBILLO

스텔렌보쉬

30초 핵심정보

케이프타운에서 동쪽으로 45킬로미터 떨어진 곳에 자리한 스텔렌보쉬는 전통적으로 남아프리카 최고 품질의 와인을 생산해왔다. 이 지구는 독창적인 이주민의 건축 양식으로 유명해졌다. 흰 페인트로 채색한 케이프 더치 건물이 포도밭 담요 위에 듬성듬성 점을 찍고 있는 모습이다. 최고의 스텔렌보쉬 와인은 같은 이름의 예스러운 대학 도시 근방에서 생산된다고 알려져 있다. 폴스 베이 바로 밖 서늘한 해안가의 바람 덕분에 포도가 늦게 익어 과육이 성숙하기까지 상당히 긴 기간이 필요하다. 스텔렌보쉬는 화이트 와인보다 레드 와인 생산을 선호하나 훌륭한 화이트 와인도 나오며 특히 가볍고 모래가 많은 토양(덕분에 다양한 품종이 나온다)에서 주로 슈냉 블랑, 소비뇽 블랑 혹은 샤르도네를 재배한다. 레드 스텔렌보쉬 와인은 버라이어탈이나 블렌드로 만들며 주로 케이프 블렌드라고 불린다. 잘 자라는 적포도로는 카베르네 소비뇽, 시라즈, 메를로, 피노타쥐(남아프리카에서 두드러진 품종으로 스텔렌보쉬 대학교에서 20세기에 들어 이곳을 초토화한 치명적인 필록세라에 대항하고자 개발했다)가 있다. 남아프리카에서 제일 인정받은 와인 산지 여러 곳이 스텔렌보쉬에 자리하고 있는데 페어겔레겐, 밀루스트, 조던, 워릭, 사이먼스버그, 닐 엘리스가 대표적이다.

3초 맛보기 정보

남아프리카에서 가장 오래된 와인 재배지 중 한 곳인 스텔렌보쉬는 여러 지역 출신의 일류 생산자들이 모여 국가 최고의 레드 와인을 선보인다.

3분 심층정보

남아프리카는 구역별로 와인 지구를 나누는데 하위 지역을 '구(wards)'로 지칭한다. 스텔렌보쉬 지구에는 방훅, 보틀러리, 데본밸리, 존커숙 밸리, 파페가이버그, 폴카드라이 힐스를 비롯해 스텔렌보쉬 구에서 처음으로 공식 인정을 받은 지역인 사이먼스버그-스텔렌보쉬도 속해 있다.

관련 주제

다음 페이지를 참고하라
필록세라 24쪽
지역 포도 품종과 와인 스타일 74쪽

30초 저자

제인 파킨슨

스텔렌보쉬에서는 카베르네 소비뇽, 메를로, 슈냉 블랑과 샤르도네 등 주로 국제 품종을 혼합해 사용한다. 이 지역은 또한 진한 색상에 베리와 감초 풍미로 남아프리카의 독창성을 잘 녹여낸 피노타쥐(피노 누아와 생소의 혼종)로 명성이 높다.

ANNO 1796
NAMAQUALAND
PRIESKA
CARNARVON
FRASERBURG
CERES
CAPETOWN
PRETORIA

말보로

30초 핵심정보

남섬 북동쪽 끄트머리에 자리한 말보로는 뉴질랜드 최대 와인 생산지다. '구멍 뚫린 구름이 자리한 곳'이라는 마오리족 어원에서 알 수 있듯 강렬한 햇살이 내리비춘다. 이곳을 지배하는 건 소비뇽 블랑이다. 몬태나가 이 포도를 상업적으로 재배한 최초의 와이너리이긴 하지만, 1980년대에 이국적인 맛의 소비뇽을 연상시키는 라벨을 붙인 소비뇽 블랑을 출시한 생산자, 클라우디 베이의 성공에 힘입은 바가 크다. 쉽게 따라 할 수 있는 스타일이라 이내 패션프루트 맛이 나는 말보로 소비뇽 블랑이 사방으로 퍼져나가 오늘날까지도 엄청난 수요를 자랑한다. 말보로의 경제가 이 와인 스타일로 번성했다면 소비뇽 블랑과의 관계는 자부심의 원천이자 좌절을 안겨 주기도 했는데 일회성으로 성공한 곳이 아니라는 점을 입증하느라 고충을 겪었기 때문이다. 소비뇽 블랑을 오크통에 숙성해 오래 보관하고, 음식과 잘 어울리는 스타일을 고안하는 것부터 고급 샤르도네 생산에 이르기까지 다양성을 증명하려고 노력했다. 땅이 부족하고 용수권 제약이 강해서 현재 포도밭은 최대치 생산에 근접하고 있으나 지속 가능한 와인 제조가 업계 전반의 주요 목표다.

3초 맛보기 정보

말보로는 뉴질랜드 와인을 세계에 알린 지역이다.

3분 심층정보

말보로 소비뇽 블랑의 가격은 수확 초기에 '사발란체'(산사태를 뜻하는 아발란체에 소비뇽 블랑의 S가 결합한 단어라고 추정)라고 불릴 정도로, 매우 높은 수확량을 기록한 빈티지 탓에 화제가 되고 있다. 이 물량 때문에 가격이 하락했고, 현재 조정되고 있지만 처음부터 일반적으로 와인 평균 가격보다 높은 가격을 책정해 온 지역과 국가로서는 씁쓸한 일이었다.

관련 주제

다음 페이지를 참고하라
화이트 와인 제조법 36쪽
엘르바주 46쪽
소비뇽 블랑과 폴리 퓌메 60쪽

3초 인물

케빈 주도
클라우디 베이에 와인 제조 시설을 세우고 플래그십 소비뇽 블랑의 25가지 빈티지 와인을 생산한 장본인

30초 저자

제인 파킨슨

말보로의 일교차는 소비뇽과 함께 아로마가 좋은 백포도인 리슬링, 피노 그리, 브르츠트라미너, 그뤼너 벨트리너를 재배하기에 최적이고 적포도 품종으로는 피노 누아를 택했다.

CLOUDY BAY
BLANC 2009

바로사 밸리

30초 핵심정보

애들레이드에서 북동쪽으로 채 60킬로미터 떨어지지 않은 곳에 자리한 바로사 밸리는 호주 최고의 레드 와인을 생산하는 기관실이다. 노스 파라 강으로 나뉜 포도밭은 주로 프로이센 실레지아에서 온 독일 이민자들이 개척했다. 바로사의 뜨겁고 상당히 건조한 기후 덕분에 카베르네 소비뇽과 시라즈가 잘 자란다. 시라즈의 올드 부시 바인 일부는 수령이 100년 이상이라 엄청난 나이에 걸맞게 결코 따라올 수 없는 복합미를 지녔다. 덕분에 바로사 시라즈가 높은 지위와 세계적인 명성을 얻을 수 있었다. 좋은 와인은 숙성이 덜 되었을 때 마시지 않으며, 달콤한 블랙커런트, 농밀한 초콜릿 맛과 진한 타닌이 들어가려면 최소 5년은 묵혀야 하고 그 이상 숙성시켜야 완벽한 상태로 탄생한다. 바로사 밸리는 다른 지중해 품종으로도 만만찮게 근사한 레드 와인을 생산하는데 그르나슈와 무르베드르(혹은 호주에서는 마타로)를 비롯해 시라즈와 혼합해 인기 높은 GSM 블렌드 레드 와인도 있다. 화이트 와인은 세미옹과 샤르도네 품종이 인기가 제일 높고 일부는 레드 와인만큼이나 복잡한 과정을 거친다. 호주 남부의 이 축복받은 지역의 유명 생산자로는 펜폴즈, 울프 블라스, 제이콥스 크릭 등이 있으며 그 밖에도 품질 기준이 까다로운 신흥 생산자의 수가 역대급으로 증가하는 추세다.

3초 맛보기 정보

바로사 밸리는 호주산 최고 레드 와인의 기관실로 특히 시라즈가 유명하다.

3분 심층정보

바로사 밸리와 바로사라는 용어를 혼동해 쓰는 경우가 많다. 바로사 밸리의 와인은 이 계곡의 포도만을 사용하는 반면 '바로사'라는 라벨이 붙은 와인은 바로사 밸리의 시라즈와 리슬링으로 유명한 이웃 에덴 밸리의 포도 품종을 혼합한 것이라는 점을 꼭 기억해두자.

관련 주제

다음 페이지를 참고하라
리슬링과 샤츠호프베르거 58쪽
시라/시라즈와 에르미타주 66쪽
지역 포도 품종과 와인 스타일 74쪽

30초 저자

제인 파킨슨

호주의 와인 수도 바로사는 가장 오랜 시간 와인을 제조한 지역으로 캘리포니아 나파 밸리와 더불어 뉴 월드 와인 중 최고로 알려져 있다. 바로사 하면 떠오르는 야생미 넘치는 레드 와인은 일반적으로 그르나슈, 시라즈, 무르베르드로 만든다.

Torres Strait
C. York
MELVILLE I.
C. Arnhem
TIMOR SEA
BATHURST I.
Port Darwin
Darwin
Gulf of
Anson Bay
Pine Creek
GROOTE EYLANDT
Cambridge Gulf
Carpentaria
C. Flattery
Cooktown
Laura
Roper R.
Port Roper
WELLESLEY IS.
NORTH
Daly Waters
Karumba
Cairns
Wyndham
Normanton
AUSTRALIA
Croydon
King Sound
Burketown
Derby
Halifax
Townsville
Halls Creek
Charters Towers
Broome
Fitzroy R.
Tennants Creek
Ravenswood
Cloncurry
Mackay
Richmond
Hughenden
Barrow Creek
Stanbroke
Eton
CENTRAL
QUEENSLAND
Great Sandy Desert
AUSTRALIA
Winton
Longreach
Alice Springs
Emerald
Rockhampton
Marble Bar
Gladstone
Barcaldine
Mt. Morgan
WESTERN
Bundaberg
Windorah
Maryborough
Gympie
Onslow
Charleville
Miles
Carnarvon
Peak Hill
Toowoomba
Brisbane
Ipswich
Oodnadatta
Cunnamulla
Warwick
L. Wells
C. Byron
Moree
SOUTH AUSTRALIA
Bourke
Grafton
Cue
L. Torrens
Torrowangee
Broken Hill
Tamworth
Kempsey
Cobar
Dubbo
Port Augusta
NEW SOUTH WALES
Petersburgh
Port Pirie
Kooringa
Newcastle
Parramatta
Mildura
Sydney
Bight
Hay
Wagga Wagga
Goulburn
Port Lincoln
Murray
Perth
Canberra
Adelaide
FEDERAL TERRITORY
KANGAROO I.
Cooma
Bombala
Bordertown
VICTORIA
C. Howe
Encounter Bay
Ballarat
Geelong
Melbourne
Orbost
Mt. Gambier
C. Otway
Bass Strait
KING I.
FURNEAUX
Burnie
Launceston
St. Marys
Queenstown
Hobart
TASM

멘도사

30초 핵심정보

아르헨티나 최고의 와인 산지는 만년설이 덮인 안데스 산맥이 가로막아 비가 적은 지역에 자리한다. 아르헨티나의 와인 총생산량의 3분의 2를 담당하는 멘도사는 프랑스 레드 와인 품종인 말벡을 채택해 그 이름을 국가와 거의 동일시하는 막대한 효과를 누렸다. 물론 레드 와인으론 카베르네 소비뇽과 보나르다가, 화이트 와인으로는 샤르도네와 소비뇽 블랑 같은 다른 품종도 중요하다. (아르헨티나의 대표 백포도 품종인 토론테스는 멘도사가 아닌 살타가 본거지에 가깝다.) 멘도사의 성공은 엄청난 열기를 피해 매년 꾸준한 와인 맛을 유지할 수 있게 해준 높은 고도와 안데스 산맥에서 불어오는 건조한 바람이 곰팡이가 피고 썩는 위험을 줄여준 덕분이다. 19세기 프랑스 이민자가 처음 멘도사에 말벡을 심은 덕분에 병충해에 취약하고 서리에 민감한 이 품종이 안데스 산맥 아래에 평화롭게 자리 잡을 수 있었다. 우코 밸리는 현재 멘도사에서 가장 칭송받은 하위 지역으로 블랙 프룻과 향신료 풍미가 매력적인 훌륭한 풀바디 말벡을 생산한다. 특이한 건 이 계곡의 이름은 강 이름이 아닌 부지를 개간한 사람의 성에서 따왔다는 점이다. 최북단에 자리한 튜푼가토 산은 멘도사 최고의 샤르도네를 생산하는 하위 지역이다.

3초 맛보기 정보

전 세계 말벡 생산의 4분의 3을 차지하는 멘도사는 최고의 풀바디 레드 와인을 만드는 포도 품종을 생산하며 번영했다.

3분 심층정보

멘도사가 성공할 수 있었던 건 필록세라라는 재앙을 피한 유럽 이민자의 전문성과 토착 우아르페족의 기술력 덕분이다. 이들은 안데스 산맥의 녹은 빙하를 끌어와 멘도사의 관개용수로 쓰는 정교한 운하 체계를 구축해 불모지에서 효과적으로 포도를 재배했다.

관련 주제

다음 페이지를 참고하라
필록세라 24쪽
주요 와인 산지로 부상한 보르도 84쪽

3초 인물

도밍고 F. 사르민토
(1811~1888)
산후안 주지사. 프랑스 농학자에게 가지치기한 프랑스 포도 품종을 멘도사에 심으라고 지시했다.

30초 저자

제인 파킨슨

산의 영향과 풍부한 일조량으로 멘도사는 긴 재배 기간(와인 포도의 복합적인 풍미를 개발하는 데 중요)을 누리고 있으며, 포도는 신선한 산도를 유지하면서 최적으로 숙성된다.

1941년 9월
스페인 바르셀로나 출생

1962
부르고뉴 대학교에서
포도 재배학과
포도주 양조학을 전공하고
가족의 와이너리를 맡음

1966
스페인에 처음으로
국제 품종을 심음

1975
유기농 포도 재배를 시도

1977
첫 저서 《포도와 와인》 출간

1979
파리에서 열린 <고 미요
(Gault-Millau)>지의
와인 올림피아드에서
토레스의 1970년 그랑
코로나스 리제르바(Gran
Coronas Reserva)가
샤토 라투르 1970을 비롯해
다른 최고 카베르네 베이스
와인을 누르고 정상을 차지

1979
칠레에 외국인 최초로 자신의
이름을 건 와이너리를 세워
현재 연간 400만 병을 생산

1982
여동생 마리마(Marimar)가
처음으로 미국 포도밭을 일굼

1993
캘리포니아에 마리마
이스테이트 와이너리
(Marimar Estate Winery) 개관

1996
칠레의 포도 재배 기술 발전에
공헌한 업적을 인정해 칠레
정부가 토레스에게
베르나르도 오이긴스 훈장
(Order of Bernardo O'Higgins)
수여

1997
중국에 합작 기업인
장자커우 그레이트 월
토레스 와이너리 유한주식
회사(Zhangjiakou Great Wall
Torres Winery Co. Ltd)와
도소매 와인 사업을 하는
토레스 차이나(Torres China)
설립

1999
<와인 스펙테이터(Wine
Spectator)>지가 스페인에서
가장 주목할 와이너리로
토레스를 선정

2001
토레스는 스페인
와이너리로는 유일하게
<와인 스펙테이터>지의
25주년 명예의 전당에 오름

2002
<디켄터>지 선정
'올해의 인물'

2005
<와인 인터내셔널>지 선정
'올해의 유명인'

2006
<바인 고메(Wein Gourmet)>
지의 평생공로상 수상

2006
<와인 인수지에스트(Wine
Enthusiast)>지가 선정한 최고
유럽 와이너리에 이름을 올림

2012
5세대인 미구엘 토레스
마차섹(Miguel Torres
Maczassek)이 아버지로부터
보데가스 토레스 SA(Bodegas
Torres SA)의 상무이사직 승계

2014
<드링스 인터내셔널>의 세계
최고로 인정받는 와인
브랜드로 꼽힘

미구엘 A. 토레스

미구엘 A 토레스는 1870년 하이메 토레스(Jaime Torres)가 카탈루냐 페네데스(Penedès)에 세운 가족 경영 회사의 4대 회장이다. 그는 스페인에 근대 포도주 양조법과 포도 품종을 도입해 스페인 와인에 대한 해외의 인식을 바꾸고 토레스라는 이름이 곧 최고 품질을 의미하도록 만들었다.

미구엘은 프랑스 부르고뉴 대학교에서 포도 재배학과 포도주 양조학을 공부하고 1962년 회사에 합류해 실험적이고 혁신적이며 성과 지향적으로, 강렬한 와인 제조 커리어를 쌓기 시작한다.

1966년 초 샤르도네와 카베르네 소비뇽과 같은 국제 품종을 심기 시작했고 동시에 카탈루냐에서 거의 알려지지 않은 토착 포도 품종을 유지하는 일에도 헌신했다. 1970년에 이르러 스테인리스 스틸 탱크와 온도 제어 방식을 활용해 신선하고 생동감 넘치며 과일 맛이 감도는 스타일의 와인을 생산했고 이는 당시 스페인에서는 가히 획기적이었다. 1975년 주류가 되기 전에 그는 유기농 포도 재배를 시도했다.

1979년 <고 미요>지의 와인 올림피아드에서 토레스 그랑 코로나스 블랙 라벨 1970(현재 마스 라 플라나)이 보르도의 샤토 라투르와 오브리옹을 포함한 최고급 카베르네 베이스 와인을 누르고 당당히 헤드라인에 올랐다.

그해 토레스는 칠레 최초의 외국 와인 업체로 우뚝 섰다. 근대 와인 제조 기기와 새로운 오크 배럴을 가져와 놀라운 결과를 내 칠레의 가능성을 높이고 칠레 와인의 새로운 시대를 열었다. 미구엘 토레스의 윤리적이고 앞선 사고방식 덕분에 칠레 작업자들은 품위 있는 생활을 유지하는 데 최소한으로 필요하다고 그가 산정한 금액에 따라 당시 시세보다 4배나 높은 월급을 받았다. 오늘날 토레스의 칠레 와이너리는 유기농과 공정 무역 생산자 인증을 받았다.

1991년 아버지가 돌아가신 뒤, 미구엘은 회장이자 상무이사직에 올랐다. 지금 회사는 원래 있던 페네데스 외부 DO 지역에 여러 와이너리를 보유하고 있다. 프리오랏, 리베라 델 두에로, 토로, 후미야, 라 리오하를 비롯해 캘리포니아와 중국에도 벤처기업이 있다. 그의 회사는 포도 재배와 와인 제조 연구에 매년 300만 유로를 투자하며 지구 온난화의 영향을 완화하고 과일의 숙성을 지연하기 좋은 피레네스 기슭의 높고 서늘한 포도밭에 주목하고 있다.

그는 지역이나 포도 품종보다 브랜드에 집중하는 편이 뉴 월드 생산자들과 경쟁하는 가장 효과적인 마케팅 방식이라고 믿었다. 그의 신념이 옳다는 걸 증명하듯 2014년 <드링스 인터내셔널>지가 선정한, 세계에서 가장 존경받는 와인 브랜드에 이름을 올렸고 업계 전반에서 세계 최고의 와인이라는 명망도 얻었다.

개발 도상국

30초 핵심정보

시대가 바뀌며 외자 유치와 첨단 기술의 활용으로 세계의 식탁 위로 개발 도상국의 와인이 올라오기 시작했다. 상위권에서 주목할 만한 국가 중에는 역사적으로 높은 습도 때문에 척박한 환경에서도 잘 견디는 무명 혼종을 보유한 브라질이 있다. 최고 산지인 히우 그란지 두 술(Rio Grande do Sul) 주에서 기술 발전이 이루어지면서 현재 가장 촉망받는 스타일인 스파클링이 급부상했다. 더 북쪽으로 올라가면 적도에 가까운 발 두 상 프란시스쿠(Vale do São Francisco)가 나오는데 전통 와인 국가 생산자들조차 탐내는 이 지역은 반건조한 열대 기후라 일 년에 두 번 포도를 수확할 수 있다. 태평양을 가로질러 아시아 역시 와인 품질 향상에 힘쓰고 있으며 가장 적합한 스타일과 품종을 정하는 중이다. 중국으로 엄청난 투자와(지금은 생산자보다는 소비자로 더 유명하지만) 외국 와인 생산자들이 몰리면서 가능성을 증명했고 특히 동쪽 산둥성과 서쪽 닝샤후이족 자치구가 눈여겨볼 만하다. 인도는 마하라슈트라 주(Maharashtra)가 현재 가장 와인을 많이 생산하는 지역이나 정부의 인센티브와 외부 투자 및 급증한 중산층의 유입 덕분에 사방에서 번성하고 있다고 봐도 좋다.

3초 맛보기 정보

포도 산지와는 거리가 먼 국가들이 지금은 품질 좋은 와인 제조 부분에서 두드러진 행보를 보이고 있다.

3분 심층정보

미 대륙에서 와인용 포도 품종을 재배한 지역은 멕시코가 처음이었고 이후 칠레, 아르헨티나, 캘리포니아로 퍼져나갔다. 스페인 정복자가 와인에 대한 애정을 멕시코로 가져와 미국에서 가장 오래된 와이너리인 까사 마데로가 1597년 세워지기에 이른다. 멕시코가 독립하기 전까지 지역 수요는 스페인 수입산에 의존했는데 카를로스 2세가 스페인 와인 산업을 보호하려고 식민지에서 와인 제조를 금했기 때문이다. 과달루페 밸리는 멕시코에서 품질 좋은 와인을 생산하는 지역으로 널리 알려졌으며 포도 품종이 매우 다양한 덕분에 상당히 다채로운 스타일을 즐길 수 있다.

관련 주제

다음 페이지를 참고하라
와인 투자 136쪽

30초 저자

제인 파킨슨

와인 제조는 이제 글로벌 산업이 되었으며, 클라레, 캘리포니아 또는 칠레 와인에 소비자들이 익숙해진 덕분에 이제 와인이 없는 나라의 문화적 전통에서 생산되는 인상적인 와인을 맛볼 수 있게 되었다.

와인 산업

와인 산업
용어

(와인의) 숙성 evolution (of wine) 와인은 쉬지 않고 숙성한다. 와이너리에서는 갓 생산한 와인을 병에 넣기 전 비활성, 밀봉, 온도 제어가 된 스테인리스 스틸 탱크에서 보관해 공정 속도를 늦출 수 있다. 배럴에서 숙성하는 와인은 공기에 많이 노출되는 관계로 더 빨리 숙성한다. 병에 넣은 뒤에 와인은 남은 공기 외에는 외부 공기에 거의 노출될 일이 없고 극소량의 공기가 수년에 걸쳐 코르크를 통해 들어갈 뿐이다. 따라서 병 안에서의 숙성은, 특히 병을 스텔빈 덮개(Stelvin closure, 혹은 스크류캡)로 밀봉한 경우 무산소성으로 봐야 한다. 고급 와인은 주로 병 안에서 숙성이 잘 이루어지도록 해 더 뛰어난 품질을 얻는다. 화이트 와인은 시간이 지나며 색이 진해지는 반면, 레드 와인은 색이 옅어지고 타닌의 맛이 부드러워진다. 과일 맛과 같은 주된 특성은 숙성을 거치며 복합미와 은은한 풍미를 더한다.
이상적인 장기간(1~50년) 저장 장소는 서늘하고 온도가 12~14도로 일정하게 유지되며 직사광선이 비치지 않고 흔들리지 않는 살짝 습한 곳이다. 코르크가 말라 와인이 새지 않도록 병을 가로로 뉘어야 한다.

1등급 First Growths 메독의 샤토와 보르도의 그레이브 지역 우수 집단이 공식 1855 분류법에서 프리미에 크뤼에 올랐다. 대상은 샤토 라투르, 라피트-로쉴드, 무통-로쉴드, 마고, 오브리옹이다.

네고시앙 négociant 포도, 머스트 혹은 갓 담근 와인을 생산자로부터 도매로 사들여 제조 혹은 블렌딩한 다음 병에 넣어 자체 와인 라벨을 붙여 판매하는 상인을 지칭하는 프랑스어. 보르도의 칼베(Calvet)와 부르고뉴의 부샤르 페레 에 피스(Bouchard Père et Fils)가 있다. 일부 네고시앙은 자체 포도밭을 보유하고 와인을 생산한다.

마스터 오브 와인 MW (Master of Wine) 매년 마스터 오브 와인 협회에서 주최하는 실습과 필기시험을 통과한 사람에게 주는 타이틀. 마스터 오브 와인은 와인 업계에서 가장 수요가 많은 전문 자격증이다. 1953년, 최초의 마스터 오브 와인 자격을 취득한 여섯 명이 나왔다. 2014년까지 전 세계에 불과 319명만이 이 자격을 가지고 있었다. 여러 국가에서 마스터 소믈리에와 같은 자체 자격증과 함께 공식 소믈리에 협회를 운영한다. 역시 시험을 치르고 경쟁하며, 세계 최고의 소믈리에를 지칭하는 권위 있는 자격인 메이어 소믈리에 뒤 몽드(Meilleur Sommelier du Monde)도 있다.

보세 in bond 아직 관세를 내지 않은 와인을 통제 창고에 유치해두는 일. 투자 목적일 경우 고급 와인이 여전히 보세에 있는 상태에서 수차례 여러 손을 거치게 한다.

앙 프리뫼르 en primeur 와인 거래 용어로 프리-릴리즈라고도 부른다. 와인을 병에 넣기 전에 시장에 내놓는 걸 의미한다. 와인 상인에게는 보르도, 부르고뉴 혹은 론 빈티지를 안전하게 확보하는 전통적인 방식으로 20세기 후반에 기회가 소비자에게까지 확대되었다. 수요가 공급을 초과할 정도로 인기가 높다. 구매자가 개장 순 가격 혹은 '셀라 도어(cellar door)' 가격을 지불하면 최대 2년 뒤에 배송료와 관세 및 부가세와 같은 매출 세를 지불하고 와인을 납품받는다. 요즘은 특정 와인이 부족한 곳이라면 전 세계 어디서든 앙 프리뫼르 시장이 선다.

중개인 broker 와인 생산자를 상인과 고객에게 연결해주는 중간 업자를 말한다. 중개인은 생산자에게서 곧장 와인 샘플을 받아 상인에게 보여주고 판매 금액의 일부 퍼센트를 수수료로 받는다. 고급 와인 중개인은 희귀한 상급 빈티지 와인을 상인과 전용 고객에게 판매한다. 개봉하지 않은 나무 상자 그대로 보유분을 팔거나 혹은 판매자와 구매자 사이에서 수수료를 받고 구매를 도와주기도 한다.

카브 코퍼라티브 cave coopérative 지역 포도 생산자 집단이 소유한 협동 와이너리. 일반적으로 자체 브랜드가 있으나 개별 생산자를 위한 소규모 퀴베도 있다. 규모의 경제 덕분에 와인 생산 시설을 갖출 여력이 없고 자체 와인을 시장에 선보일 수 없는 소규모 생산자에게 기회를 제공할 수 있다는 부분이 큰 장점이다.

카비스트 caviste 와인 소매 전문가를 지칭하는 프랑스어.

쿠르티에 courtier 와인 생산자를 상인과 고객에게 연결해주는 중개인을 지칭하는 프랑스 용어. 중개인은 생산자에게서 곧장 와인 샘플을 받아 상인에게 보여주고 판매 금액의 일부를 수수료로 받는다. 쿠르티에는 주로 한 지역 와인을 전문적으로 담당한다.

플라잉 와인메이커 flying winemaker 한 국가 이상을 돌며 와인을 만드는 이를 지칭. 일반적으로 남반구의 빈티지(1월~3월)와 북반구의 빈티지(8월~10월)로 옮겨 다닌다. 이 용어는 1980년대 와인 소매상인 토니 레이스웨이트가 생산능력이 떨어지고, 구식이며 주로 비위생적으로 운영되는 동유럽 와인의 표준을 높이고 영국인 입맛에 한층 잘 맞는 와인을 얻고자 호주와 뉴질랜드의 뛰어난 와인 생산자들을 데려오면서부터 생겼다. 이 개념이 자체 브랜드 와인을 보유한 다른 상인과 슈퍼마켓으로 옮겨가 주류로 올라섰다. 오늘날 플라잉 와인메이커는 뉴월드 와이너리에서 일하는 유럽인이다.

생산자

30초 핵심정보

샤토 혹은 슐로스, 혹은 카스텔로라는 단어가 고급 와인을 지칭하는 의미라지만 이런 곳에서 나온 근대 와인 중 일부만 제내로 자격을 갖췄다. 보르도 샤토는 판매의 2퍼센트를 수수료로 가져가는 믿을 만한 쿠르티에를 통해 생산한 와인을 넘겨준다. 쿠르티에는 이를 네고시앙에게 판매하고 그가 10~15퍼센트의 수수료를 챙긴다. 복잡한 구조지만 유통 과정은 공정하게 이루어지며 할당량이 적다고 해서 보르도 샤토를 탓하는 이는 아무도 없다. 그러나 대부분의 와인, 특히 부르고뉴산은 소규모 생산자 혹은 도멘이 1~2000케이스 정도만 극소량으로 생산한다. 그러나 프랑스, 이탈리아, 스페인 및 다른 지역의 생산자가 와인이 아닌 포도를 파는 경우는 많다. 이들은 주로 한 와인 생산자와 계약해 포도 재배기법, 생산량, 수확시기 등을 구체적으로 알려준다. 호주에서 생산한 와인 상당수가 이런 생산자들에게 의존한다. 반면 생산자가 운영하는 코퍼라티브는 어쩌면 수백 명밖에 안 되지만 이들이 단순히 수량뿐 아니라 포도 품종과 익은 정도까지 조건을 모두 함께 정한다. 이들은 장비, 포도주 양조학자뿐 아니라 개인 생산자가 꿈도 못 꿀 마케팅까지 가능하기에 많은 코퍼라티브가 괜찮은 가격에 1등급 와인을 내놓는다.

3초 맛보기 정보
1인 사업장부터 엄청난 규모의 기업체에 이르기까지 와인 생산자는 와인병처럼 형태와 크기가 다양하다.

3분 심층정보
'생산지 병입'이란 용어는 미 정 부테이유 아 라 프로프리에테('mis en bouteille à la propriété 혹은 오 샤토(au château') 와 같은 뜻으로 포도를 재배한 곳에서 와인을 만들고 병에 넣었다는 의미다. 일반적으로 우수한 제품에만 붙는다. 슈퍼마켓 자체 브랜드는 코퍼라티브에서 공급받는 경우가 많고 이들은 꾸준히 품질 좋은 와인을 공급하며 상당수가 자체 산지에 큰 자부심이 있다.

관련 주제
다음 페이지를 참고하라
와인 투자 136쪽

3초 인물

바롱 제임스 드 로쉴드
(1792~1868)
로쉴드 가문의 프랑스 지점을 설립한 인물

루이 강베르 드 로슈
(1884~1967)
1933년 론 카브 드 탕 코퍼라티브를 설립하고 아펠라시옹 체계를 정립하는 데 도움을 준 인물

피터 르만(1930~2013)
바로사의 아이콘 피터 르만 와인을 설립

30초 저자
마틴 캠피언

보르도, 루아르, 라인가우(Rheingau), 토스카나와 같은 와인 산지에는 동화 속에서나 볼 법한 성이 있다. 그러나 생산자들의 상당수는 개인 혹은 기업으로, 평범한 집에 산다.

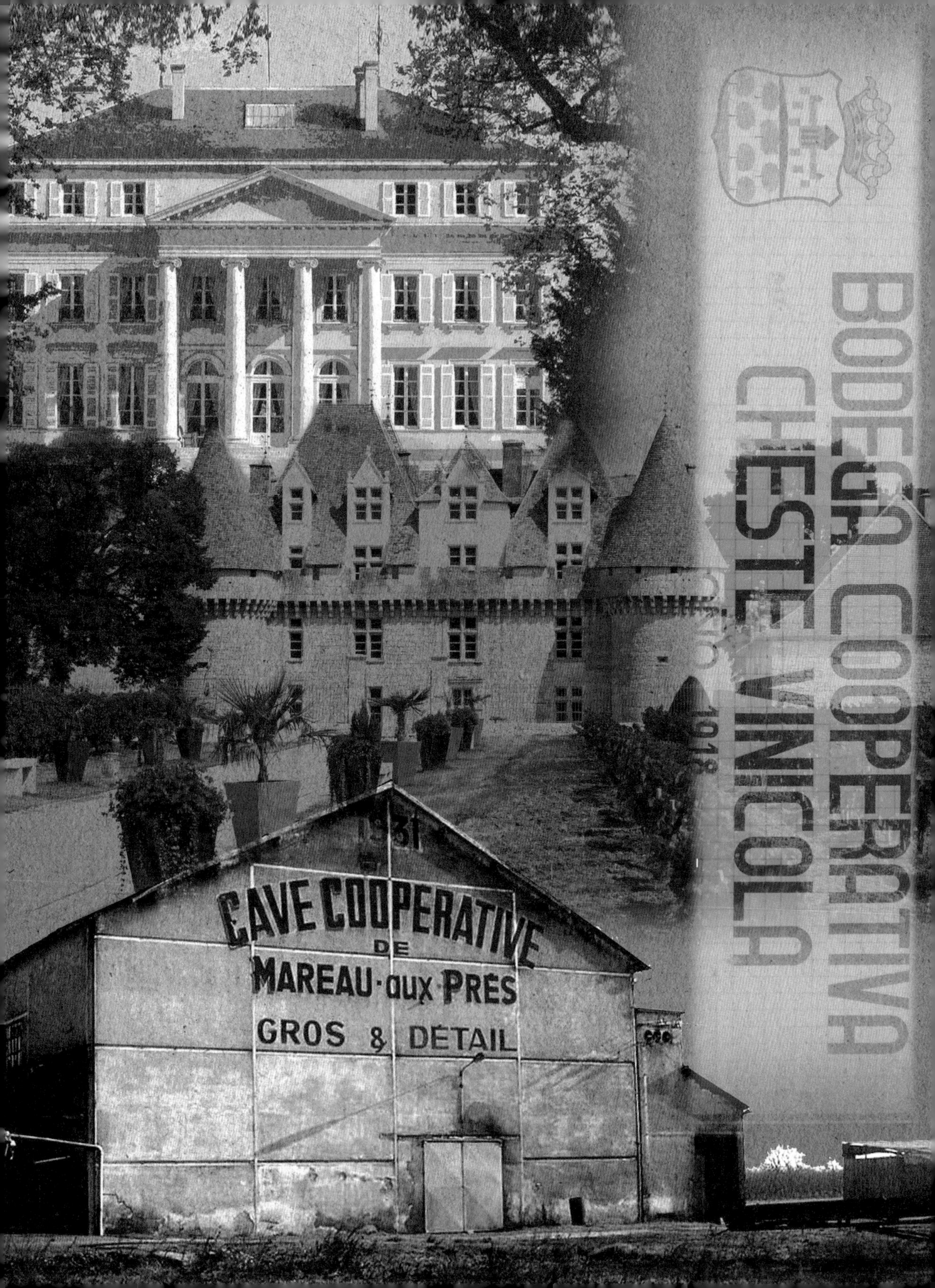

CAVE COOPERATIVE
DE
MAREAU-aux PRES
GROS & DÉTAIL

BODEGA COOPERATIVA
CHESTE VINICOLA

대리인, 중개인, 와인 상인

30초 핵심정보

2016년, 세계 와인 생산량은 570억 갤런이다. 치열한 경쟁 탓에 전 세계를 상대로 판매를 진행할 여력이 있는 생산자는 극히 드물다. 와이너리를 대표하는 일류 대리인은 지역 시장을 넘어 와인 업계에서 자신의 역할이 얼마나 막중한지 알고 고객의 필요에 맞는 전문 지식을 쌓으며 트렌드에 부합하면서 수많은 소매업자와 상점에 많은 와인을 공급한다. 1990년대 이후로 고급 와인 가격이 크게 올랐고 러시아와 중국과 같은 국가의 신흥 부유층이 와인 중개업을 부흥시켰다. 와인 중개인은 소규모의 선정된 생산자들을 위한 수입업자 역할을 하기도 하지만 동시에 고급 와인 애호가에게 구입과 판매를 하기도 한다. 상당수가 보르도와 부르고뉴의 연간 앙 프리뫼르 캠페인에서 활발히 활동함으로써 중개인과 관계를 구축해 진귀한 와인을 소량 입수하기도 한다. 훌륭한 상인 혹은 도매상은 이 모든 규칙을 잘 활용하는 인물이다. 직접 고른 지역에서 곧장 조달하고 대리인과 중개인으로부터 구입한 다음 스스로 중개인으로 활동하면서 고객의 와인을 다른 고객 혹은 다른 중개인에게 판매한다. 이렇게 경쟁이 심한 시장에서는 부르고뉴, 캘리포니아, 샹파뉴처럼 고유의 강점을 가진 와인이 인기가 많다.

3초 맛보기 정보

20년 전 와인 상인들은 오래 점심 식사를 즐기고 새빌 로(Savile Row)의 고급 맞춤 양복을 걸친 모습으로 유명했다. 현재 그들은 겉모습이 아닌 날카로운 사업 감각으로 평가받는다.

3분 심층정보

1698년 런던 세인트 제임스에 전통 와인 상인의 전형이라 할 수 있는 베리 브라더스 앤 러드(Berry Bros. & Rudd)가 생겼다. 왕실 조달 허가증 두 개, 가죽을 덮은 원장, 심지어 화이트 스타 라인에서 온 타이타닉에 실린 69병의 와인이 분실되었음을 알려준다는 편지를 보고 있노라면 키보드 대신 깃털 펜이 쓱싹거리는 소리가 날 것 같은 분위기다. 그러나 1994년 웹사이트를 열자 와인계의 금본위제로 환영받았고 지금도 와인 소매 분야의 첨단을 달리는 중이다.

관련 주제

다음 페이지를 참고하라
소매상 130쪽
와인 투자 136쪽

3초 인물

사이먼 베리(1957~)
베리 브라더스 앤 러드의 회장이자 왕실 저장고 직원

스티븐 브로윗(1959~)
세계적으로 유명한 와인 중개인으로 1978년 설립된 파 빈트너스의 회장이자 소유주

30초 저자

마틴 캠피언

와인을 파는 건 다른 소비재와 마찬가지로 지역 내에서 행해지며 저장소 입구를 살피는 것부터 시작해 더 넓게는 여러 전문가와 연합해 세계 시장으로 나가야 할 수도 있다.

소매상

30초 핵심정보

고급 와인은 더 이상 황제, 옥스퍼드와 케임브리지의 교수, 해로 스쿨이나 하버드 동문과 같은 상류층의 전유물이 아니다. 평범한 사람도 접근할 수 있다. 그래서 영국에서는 슈퍼마켓이 실제 와인 판매의 80퍼센트를 차지한다. 웨이트로즈 같은 소매상이 자체 팀에 마스터 오브 와인을 여럿 보유하고 있고 대다수 자체 '플라잉 와인메이커'가 있어 고객의 선호에 대한 그들의 경험과 지식이 와인의 품질 향상과 판매 증진에 도움을 준다. 이들이 와인 트렌드를 선도하는 경우가 많다. 세계 최대 소매상인 테스코는 말보로 소비뇽 블랑의 약 10퍼센트를 판매하고 미국을 기반으로 하는 코스트코를 포함해 많은 업체에서 매력적인 가격에 보르도 그랑 크뤼를 지속적으로 판매하고 있다. 그러나 전문가를 위한 공간도 남아 있는데 단일 카비스트의 존재 이유는 가격 경쟁이 아니라 수량에 굶주린 슈퍼마켓이 흥미를 거의 가지지 않는 소규모 생산자 중에서 숨은 보석을 찾는 것이다. 런던의 헤오니즘 와인이 극단적인 예시라고 볼 수 있다. 직원은 대체로 15개국의 언어를 하고 7000개 이상의 제품을 다룬다. 한 병에 8파운드 하는 평범한 와인부터 은행가의 보너스가 필요한 크룩 1966, 디켐 1811, 펜폴즈 2004 블록 42 앰플(열두 개 중 한 개)처럼 병당 12만 파운드에 육박하는 고가까지 다양하다.

3초 맛보기 정보

도시 소매상은 일상잡화와 와인을 나란히 배치해 와인 구입과 소비의 면면을 완전히 바꾸어 놓았다.

3분 심층정보

슈퍼마켓은 1+1행사를 핑계로 인위적으로 높은 가격을 받는다. 표면적으로는 약삭빠른 고객에게 좋은 거래인 것처럼 보이지만 겸손한 포도 재배자에게는 그렇지 못하다. 보르도의 엘리트에게는 흔한 일로, 이들 중 호화로운 궁에 사는 이는 드물고 슈퍼마켓에서 제시한 거래를 거절할 수 있는 생산자는 더욱 드물다. 그래서 어떤 결과가 나타났을까? 마시기 편한 블렌딩 와인이 등장해 미각보다 지갑을 꾸준히 즐겁게 해주고 있다.

관련 주제

다음 페이지를 참고하라
대리인, 중개인, 와인 상인 126쪽
와인과 음식 148쪽

3초 인물

제임스 시네갈과 제프리 H. 브로트먼
(1936~, 1943~2017)
1983년에 세계 최대 규모의 와인 소매상 중 한 곳인 코스트코를 설립한 미국인

토니 레이스웨이트(1941~)
영국 와인 소매상인 레이스웨이트와 <선데이 타임스> 와인 클럽의 영국인 공동 설립자(아내 바바라와 함께)

예브게니 치치바르킨(1974~)
러시아 휴대전화 거물로 2012년 헤도니즘 와인 창립자

30초 저자

마틴 캠피언

현재 와인은 서구 사회 문화의 상당 부분을 차지한다.

Wine Merchants
Le Cellier Des Châteaux
Grands Vins de Propriétés
Marchands de Vins
Discover The Best Wines Of Bordeaux And Other Regions
WE SHIP ALL OVER THE WORLD
Tasting-Sale
English Spoken
Découvrez Les Meilleurs Vins Du Bordelais et D' Ailleurs
Conseil Dégustation Vente
KÄSE
cremig

소믈리에

30초 핵심정보

오랫동안 소믈리에는 태어날 때부터 고급 와인에 길든 사람처럼 레스토랑 직원들이 결코 다가갈 수 없는 거만한 이미지로 오해받아왔다. 긴 검은 앞치마에 검은 재킷을 걸치고 와인과 관련이 있음을 분명히 알리는 포도송이 모양의 은 혹은 금 브로치를 단 소믈리에는 식사하는 손님을 불편하게 만들기 십상이고 그가 골라준 와인이 형편없을 경우 더 끔찍한 상황이 펼쳐진다. 다행히 이 직업은 상당히 발전해 지금 손님은 한결 편하게 소믈리에와 대화를 나눌 수 있게 되었다. 이제는 위화감을 주는 옷차림에서 벗어났고 창피를 당할 걱정 없이 식사 자리에 어울릴 와인에 대한 의견을 물을 수 있다. 소믈리에는 다재다능해야 한다. 그들의 역할은 그저 와인을 개봉해 따라주는 것 그 이상을 포함하고 있기 때문이다. 와인에 대해 설명하고 권하려면 와인과 음식에 관한 해박한 지식이 필수이며 미각이 뛰어나야 한다. 지성을 발휘해 와인을 구입하고 값을 잘 받는 상업적인 능력도 보유해야 하며 유능한 소믈리에는 회계와 스프레드시트를 능숙하고 자유자재로 다룰 수 있어야 한다. 또한 고객의 감정을 포착하고 식사 자리에 어울리는 와인이 무엇인지 이해하는 심리학적인 능력도 필요하다. 이 모든 능력을 친절함으로 버무려 손님이 계속 기쁨을 누리고자 다시 찾도록 만들어야 한다.

3초 맛보기 정보

소믈리에는 레스토랑에서 와인 구매, 추천 및 서빙을 담당하는 사람이다.

3분 심층정보

최고 소믈리에가 되고자 하는 경쟁은 국가별, 대륙별, 국제적인 수준으로 존재하며 진정 세계적인 '세계 최고의 소믈리에'가 되려고 수많은 소믈리에가 열렬히 경쟁을 벌인다. 오랫동안 소믈리에는 근무시간이 엄격하고 와인 케이스를 정기적으로 관리해야 했기에 남성이 주를 이루었으나 엄청난 침착함을 무기로 이 역할을 해내는 젊은 여성이 증가하고 있다. 미국 다큐멘터리 <솜>(원제: Somm, 2012년작)은 마스터 소믈리에 시험을 다룬 내용으로 개봉하자마자 곧장 컬트 장르가 되었다.

관련 주제

다음 페이지를 참고하라
테이스팅하는 법 146쪽
와인과 음식 148쪽

3초 인물

폴 브뤼네(1935~)
프랑스 마스터 소믈리에이자, 작가이며 소믈리에 교역의 원로

30초 저자

제라드 바셋 OBE

와인과 음식 궁합에 관한 상세한 지식과 전문적인 서비스, 상황에 대한 빠른 판단력이 최고 소믈리에가 갖춰야 할 덕목이다.

Wine list
Red Wines
Wine's name.......150/750 ml. 00/000
Wine's name.......150/750 ml. 00/000
Wine's name.......150/750 ml. 00/000
Wine's name.......150/750 ml. 00/000
White Wines
Wine's name
Wine's name
Wine's name
Wine's name

와인 작가, 저널리스트, 비평가

30초 핵심정보

'인 비노 베리타스,' 와인 안에 진실이 있다는 그 유명한 대 플리니우스가 남긴 명언이다. 플리니우스와 동료인 로마의 베르길리우스는 와인에 대해 많은 글을 썼고 그리스의 역사학자 투키디데스는 와인 문화가 문명화에 끼친 영향에 대해 언급했다. 이 고대 명사들이 와인에 대해 언급하고 오랜 시간이 흐른 뒤, 에드먼드 페닝-로우셀, 파멜라 반다이크-프라이스, 해리 와프가 근대 와인 저술의 토대를 다졌다. 많은 이들에게 《포켓 와인 북》,《와인 스토리》, 《월드 아틀라스 와인》을 쓴 휴 존슨은 현존하는 최고의 와인 저술가이고 그에 비할 인물로 공동 저자이자 저널리스트이며 비평가인 잰시스 로빈슨이 웹사이트를 통해 전 세계적으로 영향력을 행사하고 있다. 와인은 음식과 마찬가지로 주말 신문에 빠지지 않고 등장하며 극찬한 리뷰는 슈퍼마켓 코너에 스크랩으로 붙어 있을 정도다. 〈와인 매거진〉은 매년 국제 와인 품평회를 열고 〈디켄터〉지는 세계 와인 어워즈에서 와인 생산자, 작가, 소믈리에, 구매자/판매자를 심사위원으로 놓고 훌륭한 와인에 메달을 수여한다. 〈와인 스펙테이터〉는 매년 세계 최고 생산자들과 함께 고급 와인 시음회를 열어 미국을 들썩이게 만든다. 그러나 로버트 M. 파커만큼 영향력이 큰 인물을 찾아보기 힘들다. 로버트 파커에게서 100점을 받는 건 기적과도 같은 일로 그 빈티지 와인은 곧 매진이 되는 일이 비일비재하다.

3초 맛보기 정보
수많은 와인 서적과 전문가의 의견 덕분에 지식에 대한 대중의 갈증이 지금은 많이 해소된 상태다.

3분 심층정보
1세기 자연주의자 대 플리니우스는 37권에 달하는 백과사전인 《박물지》의 저자다. 14권에선 독점적으로 와인을 다루는데 로마 1등급 와인의 순위가 들어 있고 17권에서는 포도 재배 기법과 테루아에 대한 개념을 소개한다. 그가 뽑은 최고의 로마 와인을 살펴보면 그가 품종보다 포도밭이 와인에 끼치는 영향이 더 크다고 여긴다는 점을 알 수 있는데 이는 근대 전문가 대다수의 의견과 일맥상통한다.

관련 주제
다음 페이지를 참고하라
테루아 16쪽
와인의 영적 시작 80쪽
소매상 130쪽

3초 인물

휴 존슨 (1939년~)
세계적으로 베스트셀러를 기록한 와인 책을 쓴 영국 작가

마빈 샌켄 (1943~)
<와인 스펙테이터>지의 미국인 발행인

잰시스 로빈슨 (1950~)
베스트셀러를 기록한 와인 책의 영국 저자이자 영향력이 큰 블로거이면서도 최초의 비 와인 무역 MW

30초 저자
마틴 캠피언

와인 저서, 블로그, 칼럼이 고상한 음료를 평범한 사람들이 한층 가까이 즐길 수 있도록 만들었다.

WINES
WINETASTING
Wine Atlas
GRAND VIN
Wine

와인 투자

30초 핵심정보

한두 가지 단순한 규칙을 지키며 와인에 투자하면 엄청난 보상을 얻을 수 있다. 앙 프리뫼르를 구입하면 산지가 보장되고 구매자가 병의 크기를 선택할 수 있다. 물론 희귀한 와인은 보기 드문 와인 혹은 다른 희귀품처럼 끊임없는 소비와 엄청난 경비 투자 없이 얻기 불가능하다. 1990 라피트 같은 최고급 보르도 와인을 앙 프리뫼르로는 400파운드에 구매할 수 있었으나 지금은 경매에서 약 1만 파운드에 거래되고 있다. 200파운드였던 1982는 거의 2만5000파운드로 최대 4만2000파운드까지 올랐다. 보세로 저장해두는 편이 비용도 절약하고 관세 당국의 감시까지 받을 수 있어 위조 와인일 확률이 줄어든다(엄청나게 잘 지키고 있지만 경매에서 가짜로 판명되는 경우가 느는 추세다). 보르도의 독점 현상은 최고 부르고뉴 와인 가격이 치솟고(2005 DRC는 한두 해전에 비해 두 배로 뛰어 병당 거의 1만 파운드에 육박한다) 샹파뉴와 이탈리아 피에몬테와 같은 다른 지역이 훌륭한 결과물을 내놓으면서 조금씩 줄어드는 중이다. 상황 판단이 빠른 투자자들은 명성이 높은 상인에게서 자신들이 살 수 있는 최고의 와인을 구매한 다음 세계적으로 유명한 옥타비안 셀라(와인 저장 전문 회사)에다 전문가의 감독하에 보관한다. 상인이 보관하는 경우 투자자의 이름을 케이스에 적어 상인이 파산했을 때 많은 채권자와 공유해야 하는 불상사를 막는다.

3초 맛보기 정보

고급 와인은 예술품과 마찬가지로 상대적으로 리스크가 적으며 양질의 장기 투자가 가능하다.

3분 심층정보

1980년대에 TV 광고가 쏟아지듯 맹렬하게, 중국인들이 보르도에 일제히 큰 흥미를 보이며 샤토 구입에 나섰다. 2014년 중국은 60개 이상의 포도밭에 투자한 것으로 추정되며 비단 보르도뿐만이 아니다. 2014년 7월 중국 업체인 1847 와이너리가 호주 바로사 밸리에 있는 샤토 얄다라를 매입했다. 투자는 다른 방향으로도 흘러서 라피트의 로쉴드가 중국 파트너 CITIC와 함께 펑라이구의 25만 제곱미터가 넘는 지역에 포도를 심었다.

관련 주제

다음 페이지를 참고하라

대리인, 중개인, 와인 상인 128쪽
와인 작가, 저널리스트, 비평가 134쪽
로버트 M. 파커 138쪽

3초 인물

마이클 브로드벤트 MW
(1927~2020)
와인 전문가 겸 작가이자 2009년까지 크리스티 경매의 와인 부서장을 역임한 영국인.

세레나 섯클리프 MW(1945~)
샹파뉴와 보르도 전문가이자 작가이며 소더비 경매의 와인 부서장이자 런던 옥션에서 마이클 브로드벤트의 라이벌로 불리던 영국인

30초 저자

마틴 캠피언

자신이 즐기는 분야에 투자하는 게 현명하다. 유동성 자산은 주식과 지분 매입보다 구미가 당기는 대안이다.

Sotheby's
EST.1744

1947년 7월 23일
메릴랜드주 볼티모어에서 출생

1967
알자스 방문, 처음으로 프랑스 와인을 접함

1970
론 밸리로 첫 여행을 떠남

1973
메릴랜드 대학교 법학과 졸업

1978
자신의 와인 저널 <더 볼티모어/워싱턴 와인 에드버킷>를 무가지로 발행

1983
지금은 세기의 와인으로 불리는 보르도 1982 빈티지에 대대적인 지지를 보내 이목을 끔

1984
볼티모어 팜 크래딧 뱅크를 그만두고 격월간지 <와인 에드버킷>에 전적으로 집중함

1985
《보르도 와인 구매 가이드》 출간

1986
처남 마이클 에첼(Michael Etzel)과 함께 오리건주에 포도원/와이너리인 부페레(Beaux Frères) 설립

1987
《론 밸리와 프로방스 와인》 출간, 뒤이어 1990년에 《부르고뉴》 출간

1993
프랑스 대통령 프랑수아 미테랑이 프랑스 와인을 세계에 알린 공로로 그에게 프랑스 공로훈장 수여

1999
프랑스 대통령 자크 시라크가 파커를 프랑스 명예훈장 수여자로 등급을 올림

1997
《론 밸리의 와인》 발행

1998
<와인 에드버킷> 구독자가 35개국 4만5000명에 이르러 프랑스어판이 발행됨

2002
인터넷 erobertparker.com 개설. 현재 전 세계에서 가장 많이 방문하는 와인 정보 웹사이트가 됨

2002
이탈리아 와인에 대한 업적을 인정받아 수상 실비오 벨를루스코니에게 이탈리아 공화국 3등급 훈장 수상

2006
엘린 맥코이(Elin McCoy)가 《와인의 제왕: 로버트 M. 파커 주니어와 미국 취향의 군림》이라는 제목의 전기 발간

2011
스페인 국왕 후안 카를로스에게서 스페인 최고 시민 영예인 시민 훈장 수상

2012
리사 페로티-브라운(Lisa Perrotti-Brown)을 <와인 에드버킷>지의 새로운 편집장으로 임명하고 자신의 주식 상당수를 싱가포르 투자자에게 1500만 달러에 매각

로버트 M. 파커 주니어

1980년 후반부터 미국 와인 비평가 로버트 파커가 세계에서 가장 수요가 높은 와인에 대한 전문적인 견해를 독점하기 시작했다. 격월간지인 <와인 에드버킷>의 창립자인 그는 평이 좋은 여러 권의 책을 낸 저자이기도 하다. 잘 익은 포도 맛, 풍부한 스타일의 와인을 선호하는 것으로 알려졌으며 와인 수집가들 사이에서 그의 말 한마디는 거의 신성시된다고 볼 수 있다.

로버트 파커는 메릴랜드주 시골 마을에서 자랐다. 와인에 대한 지식이 없는 상태에서 프랑스 알자스 지방을 여행하던 1967년에 와인을 접하고 흥미가 생겼다. 이후로 그는 와인을 즐겨 시음하고 다양하게 맛보면서 메모를 작성했고 그사이 메릴랜드 대학교에서 법학을 공부했다.

1970년대엔 와인 품질에 대해 독립적이고 공정한 의견을 찾기 쉽지 않아 1978년 소비자 활동가인 랠프 네이더(Ralph Nader)에게서 영감을 받아 파커는 자신만의 잡지를 출간하기에 이른다. 광고는 물론 기득권, 역사 혹은 전통의 영향을 철저히 배제하기로 맹세했다. 초창기, 다른 이들이 한층 신중한 행보를 보일 때 그는 보르도의 1982 빈티지에 대해 무조건적 찬사를 보내며 큰 전환점을 만들었고 천천히, 확실하게 고국과 해외에서 엄청난 프로파일을 쌓았다. 1984년 법 관련 직장을 그만두고 긴 시간 동안 와인 평가에 주력했고 한창때는 일 년에 최대 1만 병의 와인을 살폈다.

로버트 파커는 100점 만점 기준으로 와인 점수를 매기는 걸로 유명한데 '급격한 정보 소통은 전문가와 초보자를 동일하게 만든다'는 관점을 유지했다. 최고점을 받은 와인은 곧장 수요와 가격이 오르고 개별 와인과 파커 포인트가 붙은 와인은 현재 일상적으로 와인 무역 전문가들이 행사 도구로 사용할 정도다.

이 시스템을 비평하는 인물 중에는 영국 와인 작가 휴 존슨도 속해 있는데 그는 와인은 그 자체로 융통성 없는 숫자로 평가할 수 없다고 주장했다. 다른 이들은 일부 생산자가 자신들의 와인을 파커의 입맛에 맞추고자 변형하면서 높은 점수를 받으려 한다고 불평했고 이런 현상을 와인의 '파커화(Parkerization)'라고 지칭한다.

비록 로버트 파커에 대한 의견이 분분할지 모르나 그가 고급 와인을 새 세대의 소비자에게 한층 접근하기 쉽게 만들었다는 점은 널리 인정하는 분위기다. 그 노력 덕분에 프랑스, 이탈리아, 스페인 정부로부터 가장 높은 시민 명예훈장을 받기도 했다.

2006년 그는 다양한 와인 산지에 믿을 만한 직원을 파견하기 시작했고 자신도 활동을 이어나갔다. 2008년 자신의 코에 100만 달러의 보험을 들어두었고 2012년에는 편집 일을 그만두었다.

와인을 즐기는 법

와인을 즐기는 법
용어

균형미 balance 와인의 풍미와 질감 요소의 전반적인 조화를 지칭하는 용어. 스위트 와인은 잘 익은 포도가 들어가므로 산도가 잘 맞고 타닌이 제대로 배어든 붉은 빛이 감돌아야 균형미가 좋다고 말할 수 있다. 알코올 도수가 과하게 높거나 산미가 강하거나 이 중 한 요소가 두드러질 경우 균형미가 없는 와인이다.

드라이 dry 포도의 당분이 거의 혹은 전혀 느껴지지 않는 와인을 지칭하는 용어. 잘 익은 과일 향이 나는 와인은 기술적으로 드라이한 와인임에도 불구하고 어느 정도의 단맛이 느껴지는 경우가 많다.

블라인드 테이스팅 blind tasting 와인의 품질을 평가하는 객관적인 와인 시음 형태로 정보를 모르는 상태에서 정확한 산지를 식별하고자 시행하기도 한다. 가격, 이름, 지역에 의한 편견을 제거할 수 있다는 부분이 주요 장점이다.

상한 코르크 cork taint
코르크가 티시에(trichloranisole)에 오염돼 와인에 곰팡내가 스며들고 상하게 만드는 현상. 코르크 생산공정 중에 껍질을 염소 물에 담가둠으로써 코르크 속 페놀류와 반응해 생긴다. 최근 새로운 공정을 도입해 상하는 일이 줄었고 최대 스무 병에 한 병꼴로 발생한다.

잔당 residual sugar 발효 뒤에 와인에 남은 포도의 당 정도를 지칭하는 용어. 리터당 3그램 이하라면 시음했을 때 완전히 드라이하게 느껴질 것이다.

테이블 와인 table wine 강화 와인 중 두드러지는 알코올 도수(약 9~15도)를 지닌 스틸 와인을 지칭하는 국제적인 용어. 테이블 와인은 발효하는 동안 자연스럽게 알코올이 생긴 반면, 강화 와인은 중성의 알코올음료를 추가해 도수를 높였다. 그러나 유럽 연합 내에서 테이블 와인은 한층 암시적인 의미라 품질이 그저 그런 평범한 와인을 지칭한다. 테이블 와인을 뜻하는 각국의 용어는 이렇다. 프랑스는 뱅 드 타블(vin de table), 이탈리아는 비노 데 타볼라(vino da tavola), 스페인은 비노 데 메사(vino de mesa), 포르투갈은 비뉴 드 메자(vinho de mesa), 독일은 타펠바인(tafelwein)이다.

프렌치 패러독스 The French Paradox 프랑스인이 다른 국가 사람들보다 일 인당 섭취하는 알코올과 지방산의 양이 많음에도 불구하고 관상동맥질환 발병률이 상대적으로 낮은 통계 수치를 설명하기 위해 1991년 미국에서 쓴 용어. 레드 와인에 심장 질환을 막는 효과가 있는 요소가 들어 있을 가능성을 언급했다.

호리잔틀 테이스팅 horizontal tasting 일반적으로 비교의 용도로 같은 빈티지 와인을 쭉 늘어놓고 시음하는 것. 이와 반대로 버티컬 테이스팅(vertical tasting)은 같은 와인의 다른 빈티지를 시음하는 것으로 마찬가지로 비교 용도다.

테이스팅 용어

와인 테이스터가 사용하는 용어들로 특징적인 색, 향, 맛을 묘사하는 데 도움이 된다. 많은 용어가 즉각적이고 곧장 이해가 가지만 일부는 오로지 와인 테이스팅용으로만 쓰이기에 그대로 이해하기 힘들다. 설명이 필요한 보편적인 테이스팅 용어를 추려보았다.

외관

렉스 legs /**티어스** tears 와인 잔을 흔들거나 마신 뒤에 잔 옆으로 흘러내리는 투명한 알코올. 와인의 알코올 도수가 높을수록 렉스가 더 두드러진다.

림 rim 연하고 간혹 투명한 와인 잔의 가장자리로 테이스터가 잡고 기울이는 부분.

무세 mousse 스파클링 와인을 막 잔에 부었을 때 생기는 흐릿함을 설명하는 프랑스어.

코어 core 와인 잔의 중심부로 테이스터가 잡고 기울이는 부분.

향

부케 bouquet 와인 아로마의 총체를 지칭.

아로마 aroma 베리나 바닐라처럼 와인의 전반적인 부케를 형성하는 개별 향.

클린 clean 와인의 아로마에 거슬리는 부분이 없음.

맛

랭스 length 와인을 삼키거나 뱉고 난 뒤 미각에 맛이 남아 있는 시간의 정도.

어택 attack 와인이 입안에 들어왔을 때 가장 처음 생기는 느낌

피니시 finish 삼키거나 뱉은 뒤에 마지막으로 남은 맛. 주로 '부드럽고', '길고', '지속적이고', '아로마가 있고' 혹은 '드라이'하다고 표현한다.

와인 숙성

30초 핵심정보

일반적으로 와인을 숙성하는 이유는 두 가지다. 마시기 가장 좋은 때를 기다리느라, 혹은 가치를 높이기 위해서. 투자용으로 와인을 구입한 경우 전문적인 보관 시설에 계속 두는 쪽이 최대한 높은 가격을 유지할 수 있다. 제대로 된 저장 환경은 발효를 조절하는 매우 중요한 요인이기 때문이다. 이때 꼭 필요한 요건은 다음과 같다. 자외선을 받지 않는 어두운 곳, 10~14도로 일정 온도를 꾸준히 유지, 50~50퍼센트의 습도, 병을 가로로 뉘어 코르크가 마르지 않게 하는 것이다. 숙성한 와인 중 드라이 화이트 테이블 와인이 가장 스타일이 두드러진다. 샤르도네, 슈냉 블랑, 리슬링, 세미옹으로 만들어 오래 보관할 수 있으나 구조가 불안정하다. 당분 함량이 높은 토카이와 소테른 같은 최고 등급의 디저트 와인은 수십 년 동안 숙성해도 된다. 강화 와인 역시 근사하게 숙성할 수 있는 구조를 지녔는데, 특히 포트 와인이 그렇고 마데이라는 100년 이상도 거뜬하다. 오크 통 숙성이 타닌 함유를 높이기도 하지만 풍부한 산미와 타닌 함량이 높은 포도로 만든 드라이 레드 테이블 와인은 성공한 숙성의 표본이다. 전 세계적으로 인기가 높은 레드 와인 중 일부는 인내심이 있어야 맛볼 수 있다. 보르도, 부르고뉴, 리오하, 나파 카베르네 소비뇽, 슈퍼 토스카나, 바롤로가 대표적이다.

3초 맛보기 정보

고급 와인은 보관할 가치가 있고 훌륭한 와인은 오래 묵혀도 끄떡없다. 제대로 보관하면 가장 상태가 좋을 때 최고의 맛과 가격으로 보답할 것이다.

3분 심층정보

지난 25년간 소더비에서 네 번의 와인 경매를 열어 러시아의 마지막 황제 니콜라스 3세의 유명 와인 소장품이자 우크라이나 흑해 연안 얄타에 자리한 마산드라 와이너리의 제품들을 소개했다. 스탈린의 명령으로 크림반도 깊은 터널 속에 수백 병이 보관돼 있는데 일부는 150년이 훌쩍 넘었고 마데이라, 포트를 비롯해 지역 뮈스카로 만든 와인까지 다양했다.

관련 주제

다음 페이지를 참고하라
스위트 와인 42쪽
강화 와인 44쪽
엘르바주 44쪽

30초 저자

제인 파킨슨

상하기 쉬운 일반 와인과 달리 고급 와인 상당수는 오래 보관할 수 있어서 환경 조건만 잘 맞으면 수년 혹은 수십 년 동안 품질을 더욱 섬세하게 가다듬을 수 있다.

BENNETT.

테이스팅하는 법

30초 핵심정보

3초 맛보기 정보
전문 테이스터는 외관, 아로마, 맛, 바디, 복합미, 피니시, 전반적인 품질을 토대로 감각에 의존해 와인을 평가한다.

3분 심층정보
'버티컬'은 빈티지 범주에 있는 동일한 와인을 비교하는 테이스팅이고 '호리잔틀'은 같은 빈티지에서 다른 와인을 시음하는 방식이다. '블라인드' 테이스팅은 가장 강력한 시음 형태로 라벨을 가리고 와인에 대한 어떤 정보도 제공하지 않는다.

와인은 일반적으로 철저한 연구조사의 대상이 아니지만 전문가들, 즉 와인 생산자, 소믈리에, 구매자, 저널리스트를 비롯해 열정 넘치는 아마추어들은 눈으로 보는 건 물론 테이스팅 과정을 통해 분석적으로 접근한다. 깨끗한지 혼탁한지(거르지 않은 와인이 혼탁하다고 해서 꼭 잘못된 건 아니고 전혀 문제없다), 와인 빛깔이 포도의 품종과 숙성에 대해 넌지시 알려주고 '렉스'가 당도와 알코올 도수를 가늠하게 해준다. 부케에서 가장 흔한 결점은 와인과 코르크 안 곰팡이 사이에 생물학적 반응이 벌어진 '상한 코르크' 상태다. 코와 혀로 인식할 수 있는 아로마와 맛은 포도 품종, 오크 숙성과 산지를 알려 준다. 산도가 높아 입안이 쭈그러드는 것 같은 느낌은 서늘한 기후, 이른 수확 혹은 자연적으로 산미가 높은 품종임을 짐작게 해준다. 단맛의 등급은 다양해서 제로에 가까운 드라이 와인부터 슈퍼 스위트 와인의 엄청난 단맛까지 있는 반면, 타닌은 간혹 질감이 느껴지는 마우스필로 주로 발효 과정에서 포도 껍질과 접촉해 생기며 오크통에서 숙성했을 가능성을 제시한다(와인을 새 오크통에서 숙성한 경우). 테이스팅 전 전문가들은 미각을 둔하게 만드는 커피, 초콜릿, 치약 등을 피하며 향수나 애프터쉐이브 등이 와인의 미묘한 아로마를 덮어버리지 않도록 주의한다.

관련 주제
다음 페이지를 참고하라
밀봉 48쪽
와인 숙성 144쪽

3초 인물
막시밀리안 리델(1972~)
1756년부터 크리스털 와인잔을 생산한 오스트리아 가문의 11대 계승자다.

30초 저자
제인 파킨슨

테이스팅이란 와인의 특성을 다각도로 살피는 과정으로 단순히 '내가 이걸 좋아하는가?'를 알아보는 것, 그 이상이다.

와인과 음식

30초 핵심정보

와인과 음식을 매치하는 부분은 어느 정도 주관적이다. 그렇지만 기억해둘 가치가 있는 실용적인 지침도 일부 있어 맛이 충돌하는 끔찍한 상황을 막아준다. 기름진 음식에 진한 와인을 곁들이는 건 따라 해도 좋은 방법이다. 반대로 서로 대비되는 와인과 음식을 같이 두어도 근사한 경우가 있다. 예컨대, 가볍고 상쾌한 화이트 와인을 기름진 고기에 곁들이는 식이다. 쉽게 이해할 수 있는 원칙 하나를 소개하자면, 같은 지역의 음식과 와인을 조합하는 것이다. 수 세대를 내려온 지역 산물이 지역적 특성 사이에서 자연스럽게 융화되기 때문이다. 상식적으로 생각하면 언제나 통한다. 기름진 육류에는 바롤로나 시라즈처럼 대담한 레드 와인이 자연스럽게 파트너가 된다. 분홍빛 해산물에는 드라이한 로제가 적격이다. 우연히, 게다가 유용하게도 피노 누아는 어디에나 잘 어울린다. 치즈는 종류가 워낙 다양해서 파도 파도 끝이 없다. 역사적으로 레드 와인을 선호했지만 현재 화이트 와인도 치즈와 좋은 궁합을 보여주는데 치즈 속 높은 지방 함량이 와인의 상쾌함과 반작용을 하는 이유에서다. 단단한 염소 치즈에 가벼운 소비뇽 블랑을 매치한 지역적인 선례가 있는데 둘 다 루아르 상세르 지방 제품이다. 쥐라 산맥의 석회석 언덕에서 만든 콩테 치즈와 프랑스 동부 지역에서 자란 사바냥 포도로 만든 지역 특산품인 뱅 존도 잘 어울린다.

3초 맛보기 정보

스타일이 비슷한 와인과 음식을 골라 상호 보완적인 맛의 균형을 찾으면 가장 조화로운 매치가 완성된다.

3분 심층정보

매운 음식의 기원인 국가들이 와인을 즐겨 마시는 문화권이 아닌 경우가 많아서 이 부분은 발전의 여지가 많이 남았다. 아로마가 좋고 과일 맛이 나며 알코올 도수가 낮은 와인이 매운 음식과 잘 어울린다는 점이 지속적으로 입증되는 중이며 타닌이나 도수가 높은 와인은 피하길 권한다.

관련 주제

다음 페이지를 참고하라
지역 포도 품종과 와인 스타일 74쪽
소믈리에 132쪽

30초 저자

제인 파킨슨

음식과 함께 와인을 즐기는 건 개인의 기호와 취향의 문제지만 어떤 맛과 스타일은 확실히 함께일 때 최고가 된다.

1902년 4월 13일
파리에서 조지 필립 드 로쉴드로 출생

1922
샤토 무통 로쉴드를 맡음

1924
모든 와인은 샤토 병에 담아야 한다고 주창. '미 정 부테이유 오 샤토'라는 문구를 라벨에 넣도록 예술가 장 카를뤼(Jean Carlu)에게 의뢰

1926
건축가 샤를 시슬리스(Charles Siclis)에 의뢰해 거대한 그랑 쉐(Grand Chai, 오크통 저장고) 구축

1929
자기 소유의 부가티 T35C를 몰고 모나코 그랑프리에 출전해 4위에 오름

1930
공식 무통 로쉴드 빈티지의 품질에 만족하지 못해 무통 카테를 만듦

1932
<라크 오 뎀(Lac-aux-Dames)>을 제작. 프랑스 첫 '유성 영화'로 국제적인 주목을 얻음

1933
포이악에 와인 상인 사업장인 바롱 필립 드 로쉴드 SA 설립

1933
5등급인 샤토 무통 다르마이악(Château Mouton d'Armailhacq)을 구입(1989년 샤토 다르마이악으로 명칭 변경)

1934
엘리자베스 펠르티에 드 샹비르(Elisabeth Pelletier de Chambure)와 결혼

1941
샤를 드골이 이끄는 자유 프랑스 군에 입단. 후에 전투 십자가 훈장 수상

1945
동맹군의 승리를 기념하기 위해 필립 줄리앙(Philippe Jullian)에게 라벨 도판 작업을 부탁. 이후 매년 다른 라벨을 선보임

1954
정부였던 폴린 페어팩스 포터(Pauline Fairfax Potter)와 결혼

1962
와인 박물관 개관

1970
이웃한 샤토 클레르 밀롱(Château Clerc Milon)을 사들임

1973
농림부장관 자크 시라크의 승인하에 무통이 프리미에 크뤼 클라세 등급으로 승격

1979
캘리포니아의 로버트 몬다비와 함께 '전통 보르도 방식에 따라 묘목을 심고, 와인을 생산하고, 숙성하고 혼합한' 최초의 프랑스-캘리포니아 울트라 프리미엄 와인인 오퍼스 원 출시

1988년 1월 20일
보르도에서 85세의 일기로 생을 마감

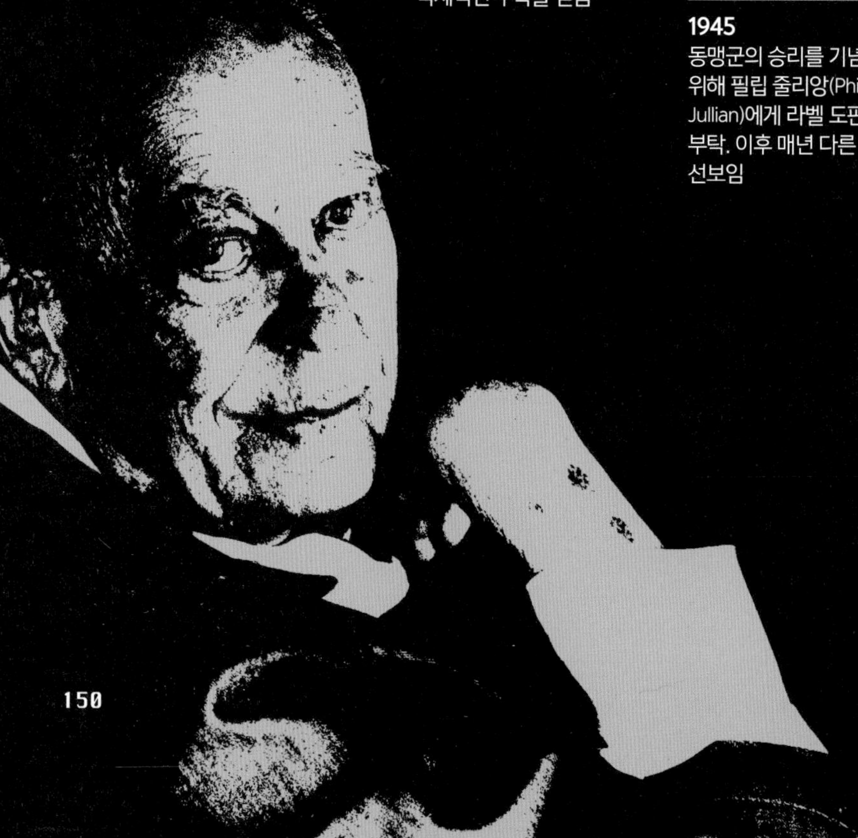

바롱 필립 드 로쉴드

그랑프리 레이싱 드라이버, 프랑스 자유 해방 투사, 영화 제작자, 예술품 수집가, 시인, 극작가이자 바람둥이인 바론 필립 드 로쉴드는 만능 재주꾼이었다. 무엇보다 그의 뛰어난 업적은 21세기 보르도 와인 역사를 개척한 부분이라 하겠다.

1922년, 어린 바롱은 가문의 와인 경작지인 샤토 무통 로쉴드를 물려받았고 제1차 세계 대전 중이던 십대 시절을 이곳에서 수년 동안 즐겁게 보냈다. 시장에서는 인정받지만 보르도의 유명한 1855 분류법에서 무통이 프리미에 크뤼 혹은 '1등급'을 받지 못한 부분이 그에게는 늘 마음에 걸렸다. 그래서 언젠가 이 '부당함'을 뒤집겠다고 맹세했다.

1920년대는 와인을 배럴에 담아 배에 싣고 외국에서 병에 담는 방식을 계속 유지했다. 부도덕한 상인들이 간혹 훌륭한 와인 공급을 '늘리려고' 여기에 '뱅 오디네어(vin ordinaire)' 즉 평범한 와인을 섞었다. 바롱 필립은 빈티지의 품질과 고유함을 보장하려면 샤토에서 병입해야 한다고 선언했다. 다른 산지에서도 이내 그를 따랐다.

이 운동은 또한 마케팅 기회로 이어졌다. 1924 빈티지를 위해 그가 그래픽 아티스트 장 카를뤼에게 아르데코 라벨 디자인을 의뢰하면서 보수적인 보르도에 큰 파장을 일으켰다. 대담한 콘셉트는 1945년 재출시 되었고 이후 일회성 라벨은 무통의 시그니처가 되었다. 달리(1958), 미로(196), 샤갈(1970), 피카소(1973), 워홀(197), 찰스 왕자(200), 쉬 레이(2008)까지 다양한 인물을 만나볼 수 있다.

흠잡을 때 없는 표준을 유지하려고 바롱 필립은 실망스러운 1930 빈티지를 무통 로쉴드로 출시하지 않고 새로운 브랜드인 무통 카테로 만들어 내보냈다. 시간이 흐르며 다양한 보르도 포도밭에서 수확한 포도를 써서 이 와인은 지역 최고의 판매고를 올리는 쾌거를 이루었다.

1962년 그는 이전에 저장소로 쓰던 자리에 세계 최고 수준의 와인 박물관을 열었으나 성공은 1973년에 찾아왔다. 40년간 쉬지 않고 캠페인을 벌인 끝에 무통 로쉴드는 프리미에 크뤼 클라세로 격상되었다. 보르도의 많은 업체들이 이 결정에 크게 실망했으나 신성불가침인 1855 분류법에 따라 변화는 없었고 앞으로도 그럴 가능성이 전혀 없어 보인다.

1979년 뉴 월드 와인의 엄청난 가능성을 인식한 그는 캘리포니아의 로버트 몬다비와 손잡고 나파 밸리의 첫 슈퍼 프리미엄 와인인 오퍼스 원을 출시했다. 1988년 죽기 직전까지 바롱 필립은 이단아이자 트렌드의 선두주자로 보르도와 그 너머 와인 업계에 가장 큰 영향을 끼친 인물로 남았다.

와인과 건강

30초 핵심정보

와인과 건강의 상관관계는 현대에 부각된 문제가 아니다. 고대 그리스의 의사 히포크라테스가 와인이 건강한 식습관의 한 부분이라고 믿었다는 점은 널리 알려져 있다. 오늘날 와인 섭취의 장단점에 관한 보고서를 두고 끝없이 논쟁이 이루어지고 있으며 일부 주장은 급히 종적을 감추었으나 20세기 후반부터 쭉 활발히 논의되어 온 것은 분명하다. 프렌치 패러독스, 즉 프랑스 남부 지방 사람이 엄청나게 기름진 식사를 즐기면서도 관상동맥성 심장 질환에 걸리는 확률이 낮은 것을 알아내고 연구자들은 레드 와인이 이 변칙의 원인이라고 추정하는 중이다. 레드 와인은 안토시아닌이 풍부해 강력한 항산화제 효과를 내기 때문에 건강을 좋게 하는 알코올로 자주 언급된다. 항산화 요소의 하나인 레스베라트롤(resveratrol)이 포도 껍질과 잎사귀에 들어 있고 레드 와인을 생산할 때 일반적으로 즙이 껍질과 접촉하는 시간이 길기에 더 많은 레스베라트롤이 화이트 와인 양조 때보다 많이 추출된다. 와인의 색이 진할수록 항산화물질이 더 많다는 이야기가 상식처럼 퍼져 있지만 일부 권위자들은 포도에 들어 있는 레스베라트롤의 수준을 결정하는 중요한 요인은 기후라고 생각한다. 따라서 한층 서늘하고 습도가 높은 지역에서 자란 포도가 덥고 건조한 환경에서 자란 포도보다 레스베라트롤의 함량 수준이 더 높다는 것이다.

3초 맛보기 정보

레드 와인은 항산화물질이 많이 들어 있어서 적당히 마시면 건강에 이득이 된다고 널리 알려져 있다.

3분 심층정보

전 세계 정부들은 알코올이 건강에 미치는 영향에 대해 대중에게 경고하라는 압력을 끊임없이 받는다. 많은 국가가 음주 횟수와 양에 대해 조언하며 적당히 음주하라고 부지런히 설명하는 건 과한 음주가 건강을 해치기 때문이다. 와인을 마시는 문화권임에도 프랑스는 라 루아 에벵(la Loi Evin)이라는, 술에 대해 가장 엄격한 법을 가진 국가로서 알코올 광고를 제한하고 있다.

관련 주제

다음 페이지를 참고하라
이산화황 34쪽
레드 와인 제조법 38쪽

30초 저자

제인 파킨슨

우리가 일상에서 마시는 와인의 양과 유형의 장단점에 대해서는 지속적으로 건강한 논쟁과 토론이 이어지는 중이다. 포도 껍질에서 항산화물질이 발견되었고 이 부분은 앞으로도 계속 연구가 필요하다.

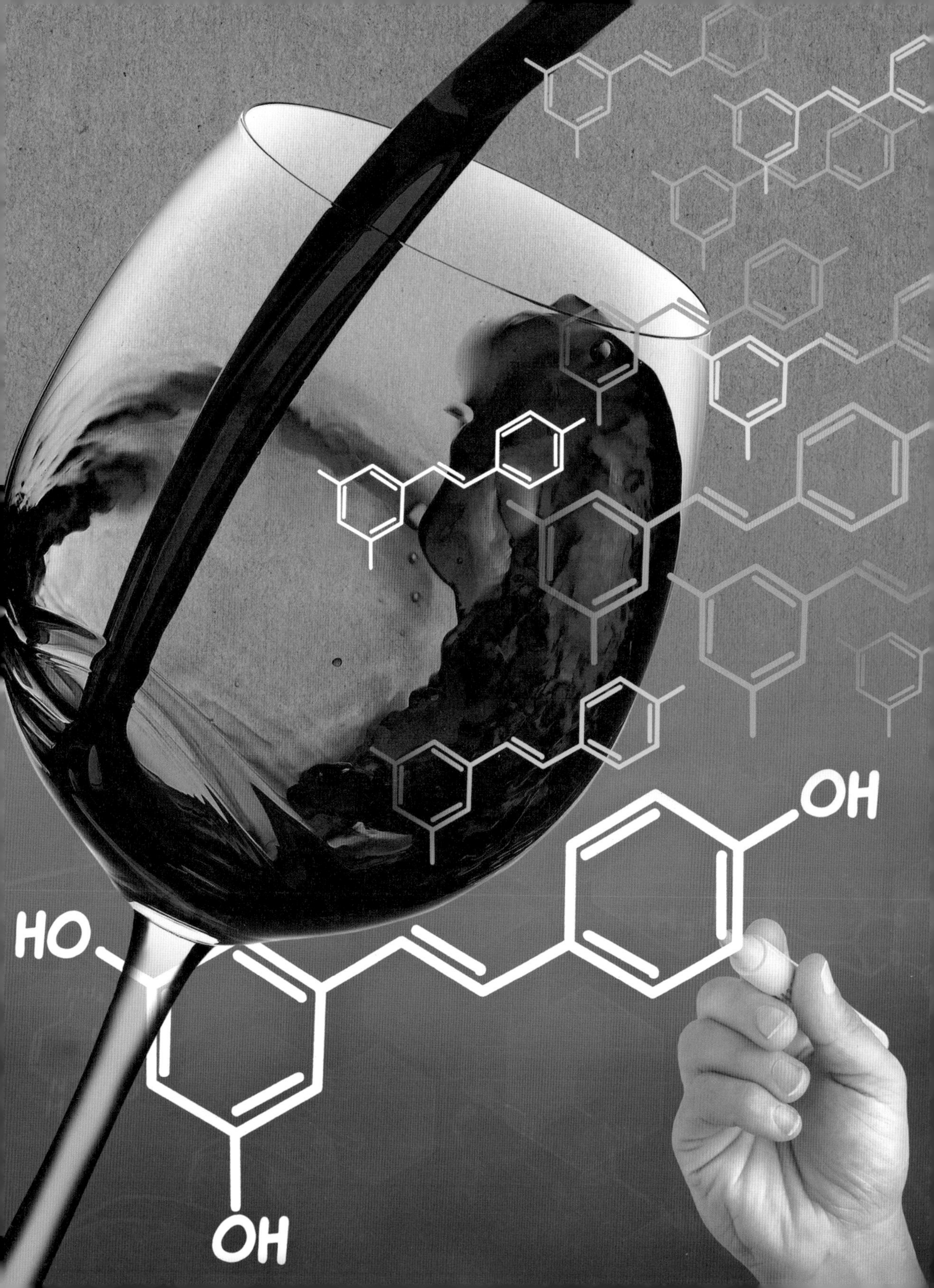
OH
HO
OH

이 책에 참여한 이들

편집자

제라드 바셋은 현재 마스터 오브 와인, 마스터 소믈리에, 와인 MBA, 월드 베스트 소믈리에 자격증을 모두 가지고 있는 유일한 인물이다. 리옹에서 수련한 그는 미슐랭 스타를 받은 영국의 한 호텔에서 수석 소믈리에로 일하다 호텔 뒤 방 체인을 공동 설립했다. 바셋은 2011년 서비스 업계에 공헌한 점을 인정받아 OBE를 받았고 2013년에는 <디켄터>지가 선정한 올해의 인물에 올랐다.

머리말

아넷 알바레즈-피터스는 미국에서 여섯 번째로 큰 소매업체인 코스트코의 수석 와인 구매 책임자이자 디렉터다.

저자

데이빗 버드 MW는 분석화학자 공부를 하고 식품 제조업계에 입사해 이유식, 머스터드, 과일 스쿼시 분석일을 했다. 1973년 우연히 와인 무역 분야로 이직했지만 사실 와인에 대한 열정은 이미 커질 만큼 커져 있었다. 1981년은 그에게 마스터 오브 와인, 공인받은 화학자이자 첫아들의 아버지가 된 그야말로 최고의 한해를 선사해주었다. 그는 품질 보증 기술 ISO 9000과 위해 요소 분석 분야의 전문가로 프랑스, 이탈리아, 스페인, 포르투갈, 헝가리, 덴마크, 우크라이나, 러시아, 알제리아, 호주, 영국에서 와인 활동가로 일했다.

마틴 캠피언은 와인 무역업체인 레이스웨이트 와인과 자매회사에서 25년을 몸담았다. 그는 고급 독일 리슬링의 열성팬으로 매년 봄이 되면 새로운 빈티지를 맞보기 위해 수많은 국가의 최고 생산자들을 찾아가고 9월에는 가장 훌륭하고 희귀한 와인이 판매되는 뱅 드 페이(VDP) 경매에 참가한다. 그는 레이스웨이트 와인과 스피릿츠 에듀케이션 트러스트 프로그램(Spiritis Education Trust programme)에서 강연하고 <디켄터>의 세계 와인 어워드, 인터내셔널 와인 챌린지, 독일 마이닝거(Meininger)에서 열리는 베스트 오브 리슬링의 심사위원직을 맡고 있다.

제레미 딕슨은 1980년대에 오스트렐리언 와인 앤 브랜디 코퍼레이션(Australian Wine and Brandy Corporation)에서 처음 와인 공부를 시작한 뒤 해외로 건너가 런던에서 국제와인전문가 과정(Wine and Spirit Education Trust, 일명 WSET)을, 보르도 대학교 양조학 부설과정인 D.U.A.D를 이수했다. 보졸레 테제(Theizé)에서 보조 와인 생산자로 아홉 개의 빈티지 와인 생산에 참여하며 현장 감각을 익혔다. 현재 프리랜서 상업 작가인 그는 와인, 음식, 여행을 주제로 한 글을 쓰며 텔레그래프 그룹(Telegraph Croup)과 같은 고객사를 두고 있다. 레이스웨이트사와 다방면에서 일하며 간간히 <디켄터>의 세계 와인 어워드에 심사위원으로 참석하기도 한다.

폴 루카스는 메릴랜드 로욜라 대학교(Loyola University)의 영문학 교수이자 와인 역사에 각별한 흥미가 있는 와인 작가다. 근 20년간 워싱턴 DC에서 와인 칼럼리스트로 일하며 수많은 상을 휩쓸었다. 대표 저서로는 《아메리칸 빈티지: 미국 와인의 부상(원제: American Vintage: The Rise of American Wine)》과 《와인의 탄생: 고대부터 이어온 새로운 즐거움의 시작(원제: Inventing Wine: A New History of One of the World's Most Ancient Pleasure)》등이 있다.

데브라 메이버그 MW는 수상 경력이 있는 작가이자 방송인이며 국제적인 연사이자 대중화권의 와인 교육을 선도하는 인물이다. <드링스 비즈니스(Drinks Business)>가 선정한 세계에서 영향력이 가장 큰 여성 7위에 올랐다. 데브라는 프로듀서이자 여러 다큐멘터리와 텔레비전 프로그램의 사회자로 참여했고 26개국에 방영된 <테이스트 더 와인(Taste the Wine)>이 대표적이다. 그녀는 상을 휩쓰는 와인에 적합한 교육 서적과 도구를 개발해 현재 네 대륙에 유통하고 있으며 홍콩, 상해, 베이징, 싱가포르 와인 무역의 지침을 세우며 아시아 와인 분야에서 자신의 목소리를 높이고 있다.

제인 파킨슨은 수상 이력에 빛나는 와인 저널리스트자 방송인이다. 인터내셔널 와인 앤 스피릿 컴퍼티션 커뮤니케이터 오브 더 이어(International Wine and Spirit Competiton Communicatior of the year) 2014 타이틀을 거머쥔 그녀는 BBC 1의 <새터데이 키친 라이브(Saturday Kitchen Live)>에 와인 전문가로 출연 중이며 2014년에 첫 저서인 《와인 앤 푸드(원제: Wine & Food)》를 출간했다. <레스토랑>지의 와인 에디터, <스타일리스트>지의 와인 전문가이자 더 와인 갱(The Wine Gang)의 다섯 멤버 중 한 명이다. 정기적으로 잡지와 신문에 기고하고 라디오와 텔레비전에서 와인에 관한 토론을 이어간다. 또한 루이 로드레 인터내셔널 와인 라이터스 어워즈(Louis Roederer International Wine Writers' Awards)에서 회장상(Chairman's Award)을 받았다.

스티븐 스켈튼 MW은 1975년 와인 분야에서 처음 일을 시작했다. 독일 라인가우 와인생산 지역에 있는 슐로스 쇤보른(Schloss Schönborn)에서 열두 달을, 가이젠하임 와인 스쿨(Geisenheim Wine School)에서 두 학기를 공부한 다음 1977년 영국으로 돌아와 켄트(영국 최대 와인 생산 업체인 채플 다운(Chapel Down)의 본거지)에 텐터든 바인야드(Tenterden Vineyards)를 세우고 빈티지 와인 23 제품을 생산했다. 1988년과 1991년 사이 램버허스트 바인야드(Lamberhurst Vineyards)에서 와인 생산자로 일하기도 했다. 2003년 마스터 오브 와인 자격을 취득했고 영예로운 몬다비 프라이즈를 수상했다. 2005년, 마스터 오브 와인 교육위원회(MW Education Committee)에 공헌한 점을 높이 평가받아 악사 밀레짐 어워드(AXA Millesimes award)를 수상했다. 2014년 마스터스 오브 와인 협회의 부회장직에 올랐다. 현재 런던 WSET에서 포도 재배학 디플로마 과정을 담당하고 있다. 스티븐은 영국 와인 업계의 컨설턴트로 일반 와인과 스파클링 와인의 생산을 위한 포도 식재에도 관여한다. 1986년부터 쭉 영국 와인을 주제로 글을 쓰고 활발하게 강연했고 영국 포도밭에 대한 지침서 4권을 출간했다. 2001년 판이 앙드레 시몽 어워드(Andre Simon award)에서 '올해의 와인 서적'상을 받았다. 학생들을 위해서 《포도 재배학(원제: Viticulture)》을, 생산자들을 위해서 《그레이트 브리튼에서 와인 생산하기(원제: Wine Growing in Great Britain)》를 출간했다.

정보 출처

참고 서적

Best White Wine on Earth: The Riesling Story
Stuart Pigott
(Stewart, Tabori & Chang, 2011)

Bordeaux Legends
Jane Anson
(Stewart, Tabori & Chang, 2013)

The Grapevine: From the Science to the Practice of Growing Grapes for Wine
Patrick Iland, Peter R. Dry & Tony Proffitt
(Patrick Iland Wine Promotions, 2011)

Inside Burgundy
Jasper Morris (2010)

Inventing Wine: A New History of One of the World's Most Ancient Pleasures
Paul Lukacs
(W. W. Norton & Co., 2013)

Riesling Renaissance
Freddy Price
(Mitchell Beazley, 2004)

The Story of Wine
Hugh Johnson
(Mitchell Beazley, 2004)

Understanding Wine Technology
David Bird
(BBQA Publishing, 2010)

Venture into Viticulture.
Tom Crossen
(Country Wide Press, 2003)

Vintage: The Story of Wine
Hugh Johnson
(Simon & Schuster, 1989)

Viticulture: An introduction to Commercial Grape Growing for Wine Production
Stephen Skelton mw
(S. P. Skelton, 2009)

Viticulture Volume 1: Resources
B. G. Coombe & P. R. Dry (eds)
(Winetitles, 1998)

Viticulture Volume 2: Practices
B. G. Coombe & P. R. Dry (eds)
(Winetitles, 2006)

Wine Science: The Application of Science in Winemaking
Jamie Goode
(Mitchell Beazley, 2014)

The World Atlas of Wine
Hugh Johnson & Jancis Robinson
(Mitchell Beazley, 2013)

Yquem
Richard Olney
(Flammarion, 2007)

잡지와 기사

Decanter
decanter.com

Wine Spectator
winespectator.com

The World of Fine Wine
worldoffinewine.com

웹사이트

Jancis Robinson's Purple Pages
www.jancisrobinson.com

인덱스

이미지 제공

저작권 자료를 사용할 수 있도록 허가해 주신 다음 분들께 감사의 말씀을 드립니다.
별도의 언급이 없는 이미지는 Shutterstock, Inc./www.shutterstock.com 및 Clipart Images/www.clipart.com 에서 사용했습니다.

21: Jamie Bush.
22: Ivan Hissey.
27b: TysonKopfer/CayuseVineyards.
33: Dr Jeremy Burgess/Science Photo Library.
41t: Eric Zeziola/Champagne Louis Roederer.
41b: Lordprice Collection/Alamy.
43t: Bon Appetit/Alamy.
43b: CraigHatfield.
45tl: Gonzalez Byass.
45tr: Thomas Istvan Seibel.
46: Kirsten Georgi.
50: Roux Olivier/Sagaphoto.com /Alamy.
68: Lacy Atkins/San Francisco Chronicle/Corbis.
85r: Philippe Roy/Hemis/Corbis.
85l: Interfoto/Sammlung Rauch/Mary Evans.
93tr: Champagne/Alamy.
94: Nik wheeler/Alamy.
103: Stephanie Evans.
107: Library of Congress.
118: Bloomberg/Contributor.
121t: ClayMcLachlan/AuroraPhotos.
121r: LouLinwei/Alamy.
129: Peter Wheeler/Alamy.
132: Alamy/Ian Shaw; OJO Images; Robert Kneschke. **135:** Raymond Reuter/Sygma/Corbis.
138: Patrick Bernard/Stringer.
150: Charles O'Rear/Corbis.

저작권 소유자를 추적하고 저작권 자료 사용에 대한 허가를 얻고자 모든 합리적인 노력을 기울였습니다. 발행인은 위 목록에 의도치 않게 누락된 부분이 있는 경우 사과드리며, 통보를 받으면 향후 재인쇄 시 수정 사항을 반영할 것입니다.